5 電気・電子工学基礎シリーズ

高電圧工学

安藤 晃・犬竹正明 [著]

朝倉書店

電気・電子工学基礎シリーズ　編集委員

編集委員長	宮城　光信	東北大学名誉教授
編集幹事	濱島高太郎	東北大学教授
	安達　文幸	東北大学教授
	吉澤　　誠	東北大学教授
	佐橋　政司	東北大学教授
	金井　　浩	東北大学教授
	羽生　貴弘	東北大学教授

序

　高電圧工学が関係する現象として多くの人が体験する身近な事例は静電気現象であろう．冬場の乾燥した時期に，体の一部が車やエレベータのボタンなど金属物金属に触れた瞬間パチッと放電し，指先に痛みを感じた方も多いだろう．この静電気の発生は古くから知られており，琥珀(こはく)電気などいろいろな文献にも登場している．また雷などは典型的な高電圧現象が関与する自然現象であるが，その発生にも静電気が関与している．

　19世紀までは電気というものの存在が静電気現象を通じてゆっくりと認識され，その後，電磁気学の発展や電磁波の発見などを経てこれを利用しようという試みが急速にはじまった．人類が電気を有効に利用しはじめたのは20世紀に入ってからで，現在では電気は主要なエネルギー源として生活に欠かせないものとなっている．

　電気を発生する「発電」をはじめ「変電」，「送電」などの電気技術は現代社会の基幹技術として確立され，電力会社によって安定な電力供給がなされている．本書で取り扱う「高電圧工学」は大電力発送電などの電力基幹技術として電力系統分野において重要な役割を果たしている．

　さらに，巨大な電磁エネルギーを利用した荷電粒子ビーム発生，核融合などの高温・高密度プラズマ生成，レーザやX線の発生，さらには宇宙工学や環境工学，医療応用など，高電圧を利用し，放電・プラズマ現象を応用したさまざまな技術や産業機器が開発されている．最近ではバイオやナノテク技術にも応用されはじめ，多くの産業基盤技術の1つとして「高電圧工学」は認知されている．高電圧および放電プラズマ技術は，これらの先端的研究機器，広範な工業生産分野への応用を目指す者にとっての修得すべき不可欠な学問分野である．

　本書では，高電圧や放電・プラズマ工学の修得を目指す学生を対象とし，その入門書として高電圧技術や放電現象の理解に必要な基礎過程と最近の応用を中心にくわしく解説を行っている．1, 2章では，高電圧下でのさまざまな現象

を理解するために必要な基礎知識として，荷電粒子のふるまいや気体中の放電現象について解説を行っている．3章では絶縁材料として利用されることの多い液体，固体中での放電現象および絶縁手法について概説し，4章ではパルス放電とともに自然の高電圧現象として雷をとりあげ，その概要や避雷など安全対策について解説している．5, 6章では高電圧の発生および計測法，おもな高電圧機器について概説し，さまざまな高電圧・放電応用について7章で紹介を行っている．これらの解説を通じ，基盤技術としての高電圧工学を学問的・技術的に修得する手助けとなるよう構成した．

本書の各章には本文の補完と内容理解を深めるために演習問題を掲げた．また学習の息抜きとして「コラム」を設け，各章に関連のある話題を紹介している．執筆にあたり，図表なども含め内外の優れた著書を参照させて頂いた．各著者の先生方に敬意と感謝の意を表します．

おわりに，本シリーズの開設と推進に尽力された先生方に感謝の意を表するとともに，本書の編修の実務に携わって努力された朝倉書店の関係者各位に心より感謝申し上げます．

2006年10月

安 藤　　晃
犬 竹 正 明

目 次

1. 気体の性質と荷電粒子の基礎過程 ... 1
  1.1 気体の性質 ... 1
    a. 気体の状態方程式 ... 1
    b. 気体の圧力と熱運動 ... 3
    c. マクスウェルの速度分布関数と平均熱速度 ... 5
  1.2 気体粒子の衝突と拡散 ... 7
    a. 単位面積を横切る粒子の流れ ... 7
    b. 粒子衝突と衝突断面積 ... 8
    c. 移動度 ... 11
    d. 拡散 ... 13
  1.3 気体の励起と電離 ... 16
    a. 原子のエネルギー準位 ... 16
    b. 励起と電離 ... 17
    c. 衝突による励起と電離 ... 17
    d. 光による励起と電離 ... 19
    e. 熱による励起と電離 ... 20
  1.4 再結合と電子付着 ... 21
    a. 再結合 ... 21
    b. 電子付着 ... 22

2. 気体の放電現象と絶縁破壊 ... 25
  2.1 気体放電の基礎 ... 25
    a. 電子放出 ... 25
    b. 非自続放電とタウンゼントの実験 ... 26
    c. 火花条件とパッシェンの法則 ... 33

	d. ストリーマ理論 …………………………………………………	36
2.2	気体放電の種類 ……………………………………………………	37
	a. 非自続放電と自続放電 …………………………………………	37
	b. コロナ放電 ………………………………………………………	38
	c. 送電線とコロナ現象 ……………………………………………	44
	d. グロー放電 ………………………………………………………	46
	e. アーク放電 ………………………………………………………	50
	f. 高周波放電 ………………………………………………………	53
2.3	気体中での絶縁 ……………………………………………………	55
	a. 高真空条件での火花電圧 ………………………………………	55
	b. 気中絶縁 …………………………………………………………	55
	c. 絶縁ガス …………………………………………………………	58
	d. 不平等電界における火花電圧とガス圧特性 …………………	59

3. 液体・固体中の放電現象と絶縁破壊 ……………………………… 65

3.1	液体中の導電と絶縁 ………………………………………………	65
	a. 液体中の電圧・電流特性 ………………………………………	65
	b. 絶縁油と不純物の影響 …………………………………………	67
	c. 高電圧印加にともなう流体流動現象 …………………………	69
	d. 極低温液体での絶縁 ……………………………………………	70
3.2	固体中の導電と絶縁 ………………………………………………	71
	a. 固体中の電圧・電流特性 ………………………………………	71
	b. 固体中のボイドと絶縁 …………………………………………	72
	c. トリーイング ……………………………………………………	73
3.3	沿面放電とその対策 ………………………………………………	74
	a. 沿面放電 …………………………………………………………	74
	b. フラッシオーバとトラッキング ………………………………	75
	c. 沿面放電の特性と対策 …………………………………………	75
	d. クリドノグラフとリヒテンベルク図形 ………………………	78

4. パルス放電と雷現象 ……………………………………… 80
4.1 パルス放電 …………………………………………… 80
　a. 雷インパルスと開閉インパルス ……………………… 80
　b. インパルス電圧による過渡現象 ……………………… 82
　c. フラッシオーバ率 ……………………………………… 82
　d. V–t 曲線 ………………………………………………… 83
4.2 雷現象 ……………………………………………… 86
　a. 雷と電気 ………………………………………………… 86
　b. 雷雲（積乱雲）の発生 ………………………………… 87
　c. 雷雲内部での帯電現象 ………………………………… 88
　d. 雷放電の特徴と進展 …………………………………… 90
　e. 雷の遮蔽と安全対策 …………………………………… 91

5. 高電圧の発生と計測 ……………………………………… 97
5.1 交流高電圧の発生 …………………………………… 97
　a. 変圧器を用いた交流昇圧 ……………………………… 97
　b. 交流共振方式 …………………………………………… 98
　c. テスラコイル …………………………………………… 100
5.2 直流高電圧の発生 …………………………………… 101
　a. 整流回路を用いた直流高電圧の発生 ………………… 101
　b. コッククロフト–ウォルトン回路 …………………… 103
　c. ヴァン・デ・グラーフ発電機 ………………………… 104
5.3 インパルス高電圧の発生 …………………………… 104
　a. インパルス発生回路 …………………………………… 104
　b. クローバ回路とギャップスイッチ …………………… 105
　c. マルクス回路 …………………………………………… 106
　d. パルス成形回路 ………………………………………… 108
5.4 交流高電圧の計測 …………………………………… 108
　a. 球ギャップ ……………………………………………… 108
　b. 容量分圧器 ……………………………………………… 109

  c. コンデンサ充電電流計測 ………………………………………… 110
 5.5 直流高電圧の測定 …………………………………………………… 111
  a. 抵抗分圧器 ………………………………………………………… 111
  b. 回転電圧計と振動電圧計 ………………………………………… 114
  c. 静電電圧計 ………………………………………………………… 115
 5.6 電 流 の 測 定 ……………………………………………………… 116
  a. 分流器による電流測定 …………………………………………… 116
  b. ロゴスキーコイル ………………………………………………… 117
 5.7 光学的手法を用いた測定 …………………………………………… 118
  a. ポッケルス効果 …………………………………………………… 118
  b. ファラデー回転効果 ……………………………………………… 118

6. 高電圧機器と安全対策 ……………………………………………… 121
 6.1 が　い　し ………………………………………………………… 121
  a. ピンがいし ………………………………………………………… 121
  b. 懸垂がいし ………………………………………………………… 121
  c. 長幹がいしとラインポストがいし ……………………………… 123
 6.2 ブッシング …………………………………………………………… 123
  a. 油入ブッシング …………………………………………………… 124
  b. コンデンサブッシング …………………………………………… 125
  c. 汚損対策 …………………………………………………………… 126
 6.3 ケ ー ブ ル ………………………………………………………… 126
  a. CVケーブル ……………………………………………………… 126
 6.4 安　全　対　策 …………………………………………………… 127

7. 高電圧・放電応用 ……………………………………………………… 130
 7.1 荷電ビーム応用 ……………………………………………………… 130
  a. 大電力電磁波発振管 ……………………………………………… 130
  b. 画像用電子管 ……………………………………………………… 133
  c. X　線　管 ………………………………………………………… 133

d. 電子顕微鏡 ·· 134
　　　e. 電子ビーム照射 ·· 136
　　　f. イオンビーム照射 ··· 137
　　　g. 高エネルギー加速器と放射光 ··· 138
　7.2　静 電 気 応 用 ·· 142
　　　a. 静電気による吸着作用の応用 ·· 142
　　　b. 静電気による環境改善への応用 ····································· 145
　7.3　放電・プラズマ応用 ··· 147
　　　a. 光源としての応用 ··· 147
　　　b. プラズマプロセス ··· 149
　　　c. 宇宙推進機への応用 ·· 151
　　　d. 発電への応用 ··· 158

演習問題解答 ·· 162

参 考 文 献 ·· 171

図版出所文献一覧 ··· 172

索　　　引 ·· 174

物 理 定 数

真空中の光速	$c = 2.998 \times 10^8$ m/sec
電子の質量	$m = 9.11 \times 10^{-31}$ kg
電子の電荷	$e = 1.602 \times 10^{-19}$ C
水素原子の質量	$M = 1.673 \times 10^{-27}$ kg
気体定数	$R = 8.314$ J/mol·K
アボガドロの定数	$N = 6.022 \times 10^{23}$ mol^{-1}
ボルツマンの定数	$k = 1.381 \times 10^{-23}$ J/K
プランクの定数	$h = 6.626 \times 10^{-34}$ J·sec
真空中の誘電率	$\epsilon_0 = 8.854 \times 10^{-12}$ F/m
真空中の透磁率	$\mu_0 = 4\pi \times 10^{-7} = 1.256 \times 10^{-6}$ H/m

1 気体の性質と荷電粒子の基礎過程

　雷や摩擦電気など自然界には，放電現象に関連したさまざまな現象があり古くからよく知られていたが，その現象の理解には19世紀にはじまる気体運動論の研究や20世紀初頭の量子論の発展が大きく寄与している．これらの研究成果を背景として，気体の絶縁破壊の研究は20世紀前半にタウンゼントによる電子なだれ理論をもとにして大きく発展をした．高電圧に関する基礎事項として，気体の放電現象について理解することは重要である．本章では，気体の放電現象を理解するために必要な気体の状態方程式や粒子の速度分布などの気体の性質，および気体原子・分子の励起・電離現象について述べる．

1.1 気体の性質

a. 気体の状態方程式

　気体中の放電現象は，圧力や温度など気体の状態と密接な関係がある．気体中では多数の原子あるいは分子が熱運動を行っており，これらの運動は気体の温度や圧力として観測される．

　アボガドロ (A. Avogadro) の法則によれば，同温，同圧で同体積の気体には気体の種類に関係なく同数の粒子が含まれる．1つ1つの粒子はさまざまな大きさや重さをもっており，その物理的・化学的性質は必ずしも同じではない．それにもかかわらず，アボガドロの法則は，気体ならばその種類によらず成り立つ．もちろん実在の気体では多少この法則からずれる．1モルあたりの粒子数はアボガドロの時代にはわからなかったが，20世紀に入ってさまざまな計測機器が開発され，いまでは精度のよい計測が行われている．標準状態 ($0°C$, 1気圧) で1モルの理想気体の体積は $22.413\,l$ で，$N_0 = 6.022 \times 10^{23}$ [個/mol] の分子が含まれる．この粒子数 N_0 をアボガドロ数 (Avogadro's number) と

よぶ.

さて，圧力の単位であるが，1気圧とは標準大気圧のことで，トリチェリ (E. Torricelli) の水銀柱の高さが 760 mm になる気圧をあらわしている．図 1.1 に示すように片端を密閉したガラス筒に水銀を詰め，水銀を満たした皿の上でひっくり返すと，筒の中の水銀の高さは 1 気圧のとき 760 mm になる．この時，筒の中の水銀の重さによる力と大気圧とはつり合っている．そこで 1 気圧を 760 mmHg (1 mmHg = 1 Torr) とあらわす．水銀の密度 (13.595×10^3 kg/m^3) と重力加速度 (9.8 m/s^2) を用いて，高さ 760 mm の水銀柱が 1 m^2 の面積に作用する力を計算すると，1 気圧の圧力は 1.01325×10^5 Pa (1 Pa = 1 N/m^2) となる．天気予報ではヘクトパスカル (hPa) という単位がよく使われるが，1 hPa は 100 Pa のことであるから，標準大気圧は約 1013 hPa である．

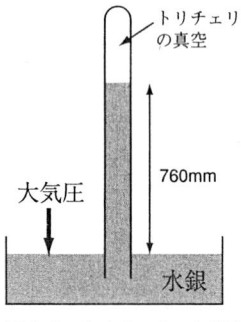

図 1.1 トリチェリの水銀柱

Pa と Torr の単位換算はよく使われるので両者の関係を覚えておきたい．定義より 760 Torr = 101325 Pa であるから，

$$1 \text{ Torr} = 133.32 \text{ Pa}, \quad \text{または} \quad 1 \text{ Pa} = 7.50 \times 10^{-3} \text{ Torr} \tag{1.1}$$

の関係が成り立つ．

気体を構成する各粒子がたがいに独立に動いているような理想的な状態 (理想気体) では気体の気圧 p [N/m^2]，温度 T [K]，1 モルあたりの容積 V [m^3/mol] の間には次式の状態方程式

$$pV = RT \tag{1.2}$$

が成り立つ．ここで R は気体定数とよばれ，次式であらわされる．

$$R = \frac{pV}{T} = \frac{(1.013 \times 10^5) \times (22.413 \times 10^{-3})}{273} = 8.31 \ [\text{J/K}\cdot\text{mol}] \tag{1.3}$$

いま，アボガドロ数を用いて状態方程式 (1.2) を変形すると

$$p = \left(\frac{N_0}{V}\right)\left(\frac{R}{N_0}\right) T \tag{1.4}$$

とあらわせる．ここで R/N_0 は粒子1個あたりの気体定数であり，これをボルツマン定数 (Bolzmann constant) とよび，次式の値をもつ．

$$k = \frac{R}{N_0} = 1.381 \times 10^{-23} \quad [\text{J/K}] \tag{1.5}$$

また，N_0/V は気体の粒子数密度であり，これを $n \ [\text{m}^{-3}]$ とあらわせば，式 (1.2) の状態方程式は下式のようになる．

$$p = nkT \tag{1.6}$$

この式から，温度一定の条件下では気体粒子密度と気体の圧力とは比例することがわかる．0°C 1気圧での理想気体の密度は，

$$n = \frac{N_0}{V} = \frac{6.022 \times 10^{23}}{22.413 \times 10^{-3}} = 2.69 \times 10^{25} \quad [\text{m}^{-3}] \tag{1.7}$$

である．

b. 気体の圧力と熱運動

図 1.2 に示すような容器中における気体粒子の運動を考えてみる．粒子どうしはたがいに衝突を繰り返しながら無秩序な運動を行っている．このとき，粒子の運動方向はあらゆる方向に向き，さまざまな速度の大きさをもっている．その速度の分布をあらわすものとして速度分布関数 (velocity distribution function) が与えられる．

いま，質量 m の気体粒子が速さ v で運動を行っているとする．x 方向の速度成分を v_x とすると，この速度で壁にぶつかって同じ速度で反射すると $2mv_x$

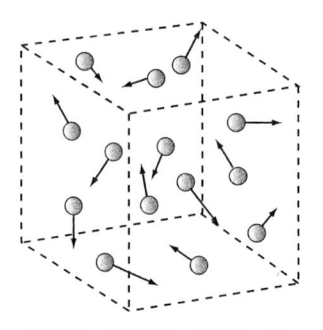

図 1.2 気体粒子の運動と圧力

の運動量変化が起こる．単位時間内に単位面積あたり壁にぶつかる粒子数は $nv_x/2$ なので，壁に与える圧力 p は

$$p = 2mv_x \times (nv_x/2) = nmv_x^2 \tag{1.8}$$

となる．粒子は無秩序に運動を行うから $<v_x^2>=<v^2>/3$ とおけるため，圧力は $p=nm<v^2>/3$ と与えられる．ここで $<>$ は平均値を意味している．

式 (1.6) より

$$nkT = \frac{1}{3}nm<v^2> \tag{1.9}$$

したがって

$$\frac{3}{2}nkT = \frac{1}{2}nm<v^2> \tag{1.10}$$

となる．この式は単位体積内部に存在する温度 T の気体の熱エネルギーと気体粒子の運動エネルギーの総量とが互いに等しいことをあらわしており，気体温度と気体粒子の平均速度との関係をあらわす式として重要である．

また，式 (1.10) から $<v^2>=3kT/m$ と計算されるが，この平方根をとった $\sqrt{<v^2>}$ を平均二乗速度 (root mean square velocity) とよび，以下の式であらわされる．

$$v_{rms} = \sqrt{<v^2>} = \sqrt{\frac{3kT}{m}} \tag{1.11}$$

c. マクスウェルの速度分布関数と平均熱速度

熱平衡状態では，温度 T の気体中の粒子は等方的な熱運動をしている．この気体中の粒子の熱運動に関して，マクスウェル (Maxwell) やボルツマン (Boltzmann) によって定量的な議論がなされた．

彼らはある x 方向への運動を考えたとき，速度 v_x と v_x+dv_x 間の速度を持つ粒子の存在確率は以下の式であらわされることを示した．

$$f(v_x)dv_x = \sqrt{\frac{m}{2\pi kT}} \exp\left(-\frac{mv_x^2}{2kT}\right) \tag{1.12}$$

ここで，この式の係数は

$$\int_{-\infty}^{\infty} f(v_x)dv_x = 1 \tag{1.13}$$

となるように決められる．

粒子は等方的に運動することから，図 1.3 に示した速度空間内における微少体積 $(v_x, v_y, v_z) \sim (v_x+dv_x, v_y+dv_y, v_z+dv_z)$ 内に粒子が存在する確率は，

$$\begin{aligned}&f(v_x)f(v_y)f(v_z)dv_x dv_y dv_z \\ &= \left(\frac{m}{2\pi kT}\right)^{\frac{3}{2}} \exp\left(-\frac{m(v_x^2+v_y^2+v_z^2)}{2kT}\right) dv_x dv_y dv_z\end{aligned} \tag{1.14}$$

とあらわされる．

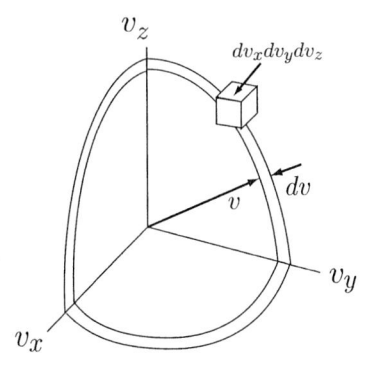

図 1.3 速度空間中での微少体積

そこで，速度の大きさをあらわす変数 v を用いると，$v \sim v+dv$ 間に粒子が存在する確率は，図 1.3 に示した球殻の体積 $4\pi v^2 dv$ を考慮して以下の式で求められる.

$$f(v)dv = \left(\frac{m}{2\pi kT}\right)^{\frac{3}{2}} \exp\left(-\frac{mv^2}{2kT}\right) 4\pi v^2 dv \tag{1.15}$$

$$= \frac{4}{\sqrt{\pi}} \left(\frac{m}{2kT}\right)^{\frac{3}{2}} v^2 \exp\left(-\frac{mv^2}{2kT}\right) dv \tag{1.16}$$

この $f(v)$ をマクスウェルの速度分布関数 (Maxwell's velocity distribution function) とよぶ.

このように熱平衡状態にある気体粒子は，温度 T のみに依存した式 (1.16) であらわされる速度分布に従う．速度 v に対するマクスウェル分布を図 1.4 に示す．この値が最大となる速度 v_p を最確速度 (most probable velocity) とよび，この速度をもった粒子が存在する確率が最も高いことをあらわしている.

この v_p，および平均速度 (mean velocity) v_m，平均二乗速度 v_{rms} はそれぞれ以下のようにあらわされる.

$$v_p = \sqrt{\frac{2kT}{m}} \tag{1.17}$$

$$v_m = \int_0^\infty v f(v) dv = \sqrt{\frac{8kT}{\pi m}} \tag{1.18}$$

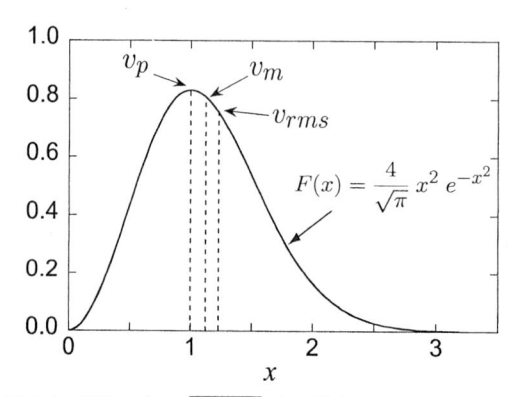

図 1.4 速度 v $(=\sqrt{2kT/m}\,x)$ に対するマクスウェル分布

$$v_{rms} = \sqrt{<v^2>} = \sqrt{\int_0^\infty v^2 f(v) dv} = \sqrt{\frac{3kT}{m}} \qquad (1.19)$$

マクスウェルの速度分布関数を用いて計算された式 (1.19) の v_{rms} の値は，前節の簡単な考察で求められた式 (1.11) と一致していることがわかる．

また，この3つの値は定数項のみが異なっているだけで粒子質量，温度に対する依存性は同じであり，平均熱速度 (thermal velocity) とよばれることもある．たがいの比は，

$$v_p : v_m : v_{rms} = \sqrt{2} : \sqrt{8/\pi} : \sqrt{3} = 1 : 1.128 : 1.225 \qquad (1.20)$$

となる．

また，式 (1.16) を，粒子エネルギー $W = mv^2/2$ を用いて変形すると，$dW = mvdv$ であるから，

$$\begin{aligned}
f(W)dW &= \frac{4}{\sqrt{\pi}} \left(\frac{m}{2kT}\right)^{\frac{3}{2}} \left(\frac{2W}{m}\right) \exp\left(-\frac{W}{kT}\right) \frac{dW}{m\sqrt{2W/m}} \\
&= \frac{2}{\sqrt{\pi}} \left(\frac{1}{kT}\right)^{\frac{3}{2}} \sqrt{W} \exp\left(-\frac{W}{kT}\right) dW \qquad (1.21)
\end{aligned}$$

となり，エネルギー分布の式が導かれる．

1.2 気体粒子の衝突と拡散

a. 単位面積を横切る粒子の流れ

単位面積を単位時間あたりに横切る粒子の総数を粒子束密度 (particle flux density) とよび，粒子密度 n でマクスウェル分布をしている粒子群を考えるとこの値は以下のように計算される．

ある x の位置に単位面積 ($1\,\mathrm{m}^2$ と考えてもよい) の断面積を考える．さまざまな v_x をもった粒子がこの断面を横切るが，v_x と $v_x + dv_x$ の間の粒子速度をもって横切る粒子数 dn は，図 1.5 で示すように長さ v_x の円筒内に存在する粒子数に等しいので，

$$dn = n f(v_x) \cdot v_x \qquad (1.22)$$

とあらわされる．したがって，この断面を横切った粒子の総数は，以下の計算で求められる．

$$\Gamma = \int dn = \int_0^\infty n v_x f(v_x) dv_x$$
$$= \int_0^\infty n v_x \sqrt{\frac{m}{2\pi kT}} \exp\left(-\frac{mv_x^2}{2kT}\right) dv_x$$
$$= n\sqrt{\frac{m}{2\pi kT}}\frac{kT}{m} = \frac{n}{4}\sqrt{\frac{8kT}{\pi m}}$$
$$= \frac{1}{4} n <v> \tag{1.23}$$

放電プラズマ内の電子密度や温度を調べるために金属板 (プローブ電極) などを挿入し，これに流れる電流を測定することがあるが，この測定値から電子密度を導出する際などにこの式は用いられる．

単位時間あたり粒子は平均速度 $<v>$ だけ移動すると考えれば，単位面積を横切った粒子数は図 1.5 で示されるように $n<v>$ であらわされるのは理解できるだろう．式 (1.23) で 1/4 の係数が出てくるのは v_x の正負の方向を考慮して 1/2 が，また速度分布を考慮してさらに 1/2 の係数が出るためである．

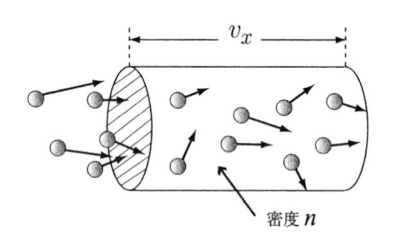

図 1.5 単位面積を横切る粒子流

b. 粒子衝突と衝突断面積

気体中の粒子は気体温度と粒子質量に依存した熱速度 (thermal velocity) $v_t = \sqrt{3kT/m}$ で熱運動を行い，たがいに衝突を繰り返している．

1 つの粒子が単位時間内にほかの粒子と衝突する平均の回数を衝突周波数

(collision frequency) ν_c とよぶ．その逆数は衝突間の時間間隔をあらわすことから衝突時間 (collision time) τ_c とよび，両者の間には以下の関係式が成り立つ．

$$\nu_c = \frac{1}{\tau_c} \tag{1.24}$$

この衝突間に粒子は熱運動を行い，熱速度 v_t で移動している．粒子が衝突間に移動する平均距離を平均自由行程 (mean free path) λ_c とよぶ．

$$\lambda_c = v_t \tau_c = \frac{v_t}{\nu_c} \tag{1.25}$$

この逆数は単位長さを粒子が移動する間に他の粒子と何回衝突するかを示す値であり，衝突頻度あるいは衝突確率 (collision probability) P_c とよばれ，ほかの値とは以下の関係式が成り立つ．

$$P_c = \frac{1}{\lambda_c} = \frac{1}{v_t \tau_c} = \frac{\nu_c}{v_t} \tag{1.26}$$

いま，粒子束密度 I の粒子群が密度 n の気体粒子中を通過することを考える．この粒子束密度は気体粒子との衝突によって徐々に強度が減少すると仮定しよう．その割合 dI はもともとの粒子束密度 I と気体粒子の密度 n，そして移動した距離 dx に比例する．したがって，

$$dI = -\sigma I n dx \tag{1.27}$$

と書くことができる．ここで，σ は比例定数であり，負符号は強度が減少することをあらわしている．

この式 (1.27) を解くと，

$$\frac{dI}{I} = -\sigma n dx \tag{1.28}$$

より，

$$I = I_0 \exp(-\sigma n x) \tag{1.29}$$

のように粒子束の強度変化が移動距離 x の関数として求められる．

この比例定数 σ は面積の次元をもち，衝突断面積 (collision cross section)

とよばれる．この衝突断面積の考え方をより理解しやすくするために，たとえば図 1.6 に示すような剛体球どうしの衝突を考える．このとき，球 A にとっては，2 つの球の半径 r_A, r_B を用いてあらわされる $\pi(r_A+r_B)^2$ の断面積をもった障害物があると考えることができる．つまり，球 A がこの断面積内に飛び込むと衝突が起こることが理解できるだろう．このように，衝突断面積とは粒子が衝突する割合をあらわしている．

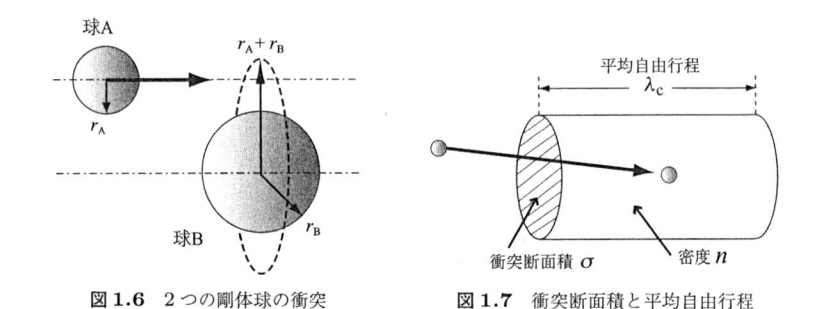

図 1.6 2 つの剛体球の衝突

図 1.7 衝突断面積と平均自由行程

さて，式 (1.29) は衝突によって粒子束が減少する様子をあらわしているが，この式は平均自由行程を用いて

$$I = I_0 \exp(-x/\lambda_c) \tag{1.30}$$

と書くこともできる．すなわち，σn は単位距離あたり衝突する確率，すなわち式 (1.26) で与えた衝突確率 P_c に対応していることがわかる．

したがって，以下の関係式が成り立つ．

$$\lambda_c = \frac{1}{\sigma n} \tag{1.31}$$

さらに，式 (1.25) を用いて，

$$\tau_c = \frac{1}{n\sigma v_t} \tag{1.32}$$

が求められる．

式 (1.31) は $n\sigma\lambda_c = 1$ とも書ける．これは，図 1.7 に示すように，断面積 σ, 長さ λ_c の円筒内に密度 n の気体が入っていて，この中に衝突を起こす粒子が

必ず1個入っていると覚えておくとよい．

c．移　動　度

　熱速度で無秩序に運動していた電子やイオンなどの荷電粒子も，ある方向に電界が加わるとクーロン力を受け移動しはじめる．粒子どうしの衝突も起こるため電界方向への一様な加速運動は生じず，平均的にある速度で電界方向へと移動していく（図1.8）．この平均速度を移動速度 (drift velocity) v_d とよぶ．この速度は加えられた電界強度 E に比例すると考えられ，

$$v_d = \mu E \tag{1.33}$$

と書くことができ，この比例係数 μ を移動度 (mobility) とよぶ．

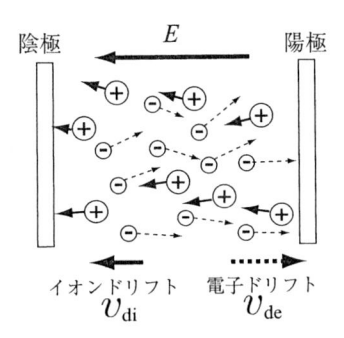

図1.8　電界中での荷電粒子の運動

　この状況はちょうど上空から雨粒が落ちてくるときの最終落下速度と似ている．雨粒は常に重力によって加速力を受けるが，同時に空気の分子との衝突により抵抗を受ける．この抵抗力は速度に比例するため，空気抵抗が重力とつりあう速度が最終的に落下速度となり地上ではほぼ一定の速度で落ちてくる．もちろん空気抵抗は雨粒の大きさとも関係し，風などの影響もあり実際にはすべての雨粒が同じ速度で落下することはない．

　簡単な考察でこの移動度の表式を求めよう．いま，電荷 e，質量 m の荷電粒子が電界強度 E の電界中を移動速度 v_d で移動していると考える．このとき，粒子のもつ運動量は mv_d であり，衝突ごとにこの運動量が失われると仮定す

ると，単位時間あたりの運動量変化は $mv_d\nu_c$ となる．これが衝突によって生じた抵抗力であるから，電界による加速力 (クーロン力) eE とつりあっているとして，以下の式が成り立つ．

$$eE = mv_d\nu_c \tag{1.34}$$

したがって，

$$v_d = \frac{eE}{m\nu_c} \tag{1.35}$$

となり，移動度 μ は

$$\mu = \frac{e}{m\nu_c} = \frac{e}{m}\frac{\lambda_c}{v} \tag{1.36}$$

$$= \frac{e}{m}\frac{1}{n\sigma v} \tag{1.37}$$

とあらわされる．

　電界中のイオンの運動を考えると，電界があまり大きくないときは熱速度に比べこの移動速度は小さいと考えることができる．このとき，式 (1.37) 中の速度 v は熱速度 v_t となり，$\sqrt{kT}$ に比例する．

　式 (1.6) より気体密度 n は気圧 p と比例することから，式 (1.35) と式 (1.37) とより，イオンの移動速度 v_d は E/n すなわち E/p に比例することがわかる．この E/p という関数は換算電界強度とよばれ，気体中の電界の効果を等価的に示すもので放電現象を扱う際にしばしば利用される (2 章参照)．

　電子の移動度 μ_e は質量が小さいためイオンの移動度 μ_i よりはるかに大きい．電界強度が小さいときにはイオンと同様に電子の移動速度は E/p に比例するが，電界強度が大きくなると式 (1.37) 中の速度 v はもはや熱速度ではなく，電子の移動速度そのものを代入する必要がある．式 (1.35) と式 (1.37) とより，

$$v_d = \frac{e}{m}\frac{E}{n\sigma v_d} \tag{1.38}$$

となることから，電子の移動速度は

$$v_d = \sqrt{\frac{e}{m}\frac{E}{n\sigma}} \tag{1.39}$$

とあらわされ，$\sqrt{E/p}$ に比例するようになる．

d. 拡　　散

一般に粒子密度の大小が存在すると，均一な密度になるように気体粒子の移動が起こる．これを拡散 (diffusion) とよぶ．この現象は電荷の有無や電界の存在など外部からの力の有無にかかわらず，粒子密度の時間変化が起こるため重要な過程である．

いま，1次元での拡散を考える．図1.9に示すように，ある位置 $(x = x_0)$ で密度勾配が存在するとき，この点を横切ってAからBへ移動する粒子束 Γ_+ と，BからAへ移動する粒子束 Γ_- との大きさは異なっている．ここで，Γ_+ と Γ_- はそれぞれ以下の式であらわされる．

$$\Gamma_+ = N_A v_+, \quad \Gamma_- = N_B v_- \tag{1.40}$$

N_A, N_B はそれぞれ点A，Bにおける粒子密度，v_+, v_- はそれぞれAからBへ，BからAへむかう粒子の平均速度である．点A，Bはたがいに近いため v_+, v_- はほとんど差はなく，熱速度と一致すると考えることができる．

$$v_+ = v_- = v_t \tag{1.41}$$

したがって，$x = x_0$ の位置を横切る総粒子束 Γ は次式のように計算され，粒

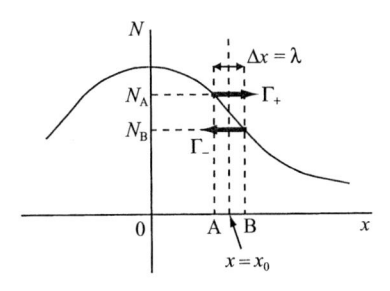

図 1.9 粒子拡散と粒子束

子密度勾配 dN/dx に比例する．

$$\Gamma = \Gamma_+ - \Gamma_- = (N_A - N_B)v_t$$
$$= -\frac{dN}{dx}\Delta x\, v_t \tag{1.42}$$
$$= -D\frac{dN}{dx} \tag{1.43}$$

この比例定数 D を拡散係数 (diffusion coefficient) とよぶ．

式 (1.42) の Δx には拡散する過程に応じた特性的長さをとる．中性粒子どうしなどの衝突による拡散を考えた場合，この Δx には平均自由行程 λ_c を代入するが，ほかの例として磁場中に閉じ込められた荷電粒子などを考えると，1回の衝突でイオンや電子のラーマー半径 (Larmour radius) ρ_c 程度の移動を行うため，この Δx には平均自由行程 λ_c ではなく ρ_c を代入して拡散係数を評価することもある．

式 (1.42) の Δx に λ_c を代入すると，拡散係数 D は $D = \lambda_c v_t$ とあらわされる．3次元的な計算を行った場合にはこれに 1/3 の係数がつき，以下の式で与えられる値をとる．

$$D = \frac{1}{3}\lambda_c v_t = \frac{1}{3}\lambda_c^2 \nu_c \tag{1.44}$$

この式より拡散係数 D は λ_c に比例するため，気体密度 n や気圧 p に反比例する．すなわち気圧が低いほうが拡散しやすい．また，熱速度にも比例するため気体温度が高いほうが拡散しやすいことがわかる．

次に，拡散係数 D と移動度 μ との関係について考察する．式 (1.19), (1.36), (1.44) より

$$\frac{D}{\mu} = \frac{\frac{1}{3}\lambda_c v_t}{e\lambda_c/(mv_t)} = \frac{mv_t^2}{3e} = \frac{kT}{e} \tag{1.45}$$

が成り立つ．すなわち拡散係数と移動度の比は気体温度のみに依存する．これをアインシュタイン (Einstein) の関係式とよぶ．拡散係数は，式 (1.36) と式 (1.45) を用いて変形すると，

$$D = \frac{kT}{e}\mu = \frac{kT}{e}\frac{e}{m\nu_c} = \frac{kT}{m\nu_c} \tag{1.46}$$

ともあらわされる.

　放電した気体中に存在する電子やイオンの荷電粒子の拡散を考えると，両者の間にはクーロン力が働くため，たがいに影響し合って拡散現象が起こる．これを両極性拡散 (ambipolar diffusion) とよぶ．

　電子はイオンに比べ軽いため，拡散や電場による移動速度はイオンに比べて非常に大きい．そのため電子はイオンより早く拡散してしまうが，そのとき後に残されたイオンとの間に電荷分離が起こり新たに電場 E_a が発生し，電子の移動を抑えるとともにイオンの移動を助長し，結果的に電子とイオンの移動速度が等しくなる．

　電場 E_a と密度勾配 dN/dx が存在する1次元でのイオンと電子の移動速度をそれぞれ v_{id}, v_{ed} とすると，

$$v_{id} = -\frac{D_i}{N_i}\frac{dN_i}{dx} + \mu_i E_a \tag{1.47}$$

$$v_{ed} = -\frac{D_e}{N_e}\frac{dN_e}{dx} - \mu_e E_a \tag{1.48}$$

とあらわされる．右辺第2項は電界による移動速度であるが，イオンと電子では移動方向が異なることから正負の符号が反対になっている．

　電離した気体 (プラズマ) では準中性条件が成り立つので $N_i = N_e = N$ として，$v_{id} = v_{ed} = v_a$ を求めると，

$$v_a = -\frac{\mu_i D_e + \mu_e D_i}{\mu_e + \mu_i}\frac{1}{N}\frac{dN}{dx} \tag{1.49}$$

となる．したがって，この時の拡散係数 D_a は，

$$D_a = \frac{\mu_i D_e + \mu_e D_i}{\mu_e + \mu_i} \tag{1.50}$$

とあらわされる．これを両極性拡散係数 (ambipolar diffusion coefficient) とよぶ．

　μ_i, μ_e, D_i, D_e にアインシュタインの関係式 (1.45) を用い，さらに $\mu_i \ll \mu_e$ の関係を用いてこの拡散係数を近似すると，

$$D_a \sim \mu_i \frac{kT_e}{e} \tag{1.51}$$

となる.ここで,通常の放電ではイオン温度は電子温度に比べ小さいため $T_i \ll T_e$ を仮定した.

このことから両極性拡散係数はイオンの拡散係数よりも大きく,電子のそれよりも著しく小さくなる ($D_i < D_a \ll D_e$).すなわち両極性拡散では電子の拡散は著しく抑えられる.

また,式 (1.47), (1.48) より,両極性電界強度 E_a をもとめると,

$$E_a = -\frac{D_e - D_i}{\mu_e + \mu_i} \frac{1}{N} \frac{dN}{dx} \sim -\frac{kT_e}{e} \frac{1}{N} \frac{dN}{dx} \tag{1.52}$$

となる.この電場を両極性電場 (ambipolar electric field) とよぶ.

1.3　気体の励起と電離

a. 原子のエネルギー準位

気体を構成する分子は1個または多数個の原子からなり,各原子は正電荷の陽子および陽子と同数程度の中性子を含む原子核と,その正電荷と同じ電気量となる数の電子から構成され,電気的に中性である.

量子力学によれば原子内の電子は存在しうる領域が確率的に決められており,その場所を軌道とよぶ.各軌道にはそれぞれとびとびのエネルギー状態が対応している.この不連続なエネルギー値をエネルギー準位 (energy level) とよび,通常はエネルギー準位の低い原子核近傍の軌道から電子は満たされていく.

最も単純な水素原子については各準位のエネルギー準位は下式で与えられている.

$$E_n(\text{eV}) = -\frac{me^4}{8\epsilon_0^2 h^2} \frac{1}{n^2} = -\frac{13.6}{n^2} \tag{1.53}$$

ここで,ϵ_0 は真空の誘電率,h はプランク定数である.n は自然数で,1, 2, 3, ... の値に対しエネルギー準位の値がとびとびで与えられる.

一番エネルギーの低い安定な準位を基底準位 (ground level) とよび,電子がこの状態にあることを基底状態 (ground state) とよぶ.また,それよりもエネルギーの高いとびとびの準位を励起準位 (excitation level) とよび,電子がこの状態にあることを励起状態 (excitation state) とよぶ.

b. 励起と電離

基底状態の原子に外部から光や電子の衝突などによってエネルギーが与えられると電子はより高いエネルギー準位 (励起準位) に移り，電子軌道 (電子の存在する場所) が変化する．これを励起 (excitation) とよび，これに必要なエネルギーを励起エネルギー (excitation energy) とよぶ．励起した原子は外部に光を出すなどしてエネルギーを放出し，もとの安定な状態に戻る．

外部から受け取るエネルギーが大きくなると電子はもはや原子に束縛されず，自由電子 (free electron) となって外部に放出される．これを電離 (ionization) とよび，残された原子は正イオンとなる．これに必要なエネルギーを電離エネルギー (ionization energy) あるいは電離電圧 (ionization potential) とよぶ．電離エネルギーを電離電圧と表現することにも示されるように，エネルギーを eV (電子ボルト) の単位であらわすことが多い．この電子ボルト (electron volt) とは1個の電子が $1V$ の電位差によって加速され獲得したエネルギー量を単位として用いたもので，$1\,\text{eV} = 1.602 \times 10^{-19}$ J である．たとえば水素原子の電離電圧は約 13.6 eV であるが，これは $13.6 \times 1.602 \times 10^{-19} = 2.18 \times 10^{-18}$ [J] に対応する．

通常は原子は励起されてもすぐに ($\sim 10^{-8}$ sec 程度) 光を放出し，もとの状態に戻ってしまうが，なかには光の放射によってエネルギー準位が変わる (遷移する) ことが困難な準位が存在する．これを準安定準位 (metastable level) とよび，この状態に電子がとどまっている状態を準安定状態 (metastable state) とよぶ．準安定状態は電子衝突による遷移で解消されるが，寿命が長い ($\sim 10^{-3}$ sec 程度) のが特徴である．代表的な気体原子の電離電圧と準安定準位を表 1.1 に示す．

このような励起や電離現象は，気体中でたえず起こっている．この励起や電離を引き起こすようなエネルギー授受が起こるおもな過程として，衝突過程 (collisional process)，光過程 (photo-process)，熱過程 (thermal process) の3つがあげられる．

c. 衝突による励起と電離

気体中の中性粒子は，電子やイオンあるいは中性粒子どうしの衝突によっ

表 1.1　各種気体の電離電圧と準安定励起電圧

気体		原子番号	準安定励起電圧 [eV]		第 1 電離電圧 [eV]	第 2 電離電圧 [eV]
	H	1			13.598	
	N	7	2.38	3.6	14.534	29.60
	O	8	1.97	4.2	13.618	35.12
希ガス	He	2	19.82　20.96	20.62　22.72	24.587	54.42
	Ne	10	16.62	16.72	21.565	40.96
	Ar	18	11.55	11.76	15.760	27.63
	Kr	36	9.915	10.563	14.000	24.36
	Xe	54	8.315	9.447	12.130	21.21
金属蒸気	Li	3			5.392	75.64
	Na	11			5.139	47.29
	K	19			4.341	31.63
	Ca	20			6.113	11.87
	Cs	55			3.894	23.16
	Hg	80	4.67		10.438	18.76

てたがいのエネルギーの授受を行う．このとき，衝突の前後で粒子の構成や内部エネルギーが変化せず，運動エネルギーの授受だけが起こる衝突を弾性衝突 (elastic collision) とよび，衝突によって原子が励起したり (衝突励起, collisional excitation)，電離したり (衝突電離, collisional ionization) する衝突を非弾性衝突 (inelastic collision) とよぶ．

電子による衝突電離に比べ正イオンによる衝突電離作用は非常に小さいため，通常は電子衝突による衝突電離を考えればよい．電子衝突において，衝突する電子のエネルギーが電離電圧以上でないと電離は起こらないことは明らかであるが，電離電圧以上のエネルギーをもった電子ビームが気体に入射してもすべての電子が電離を起こすわけではない．あまりエネルギーが大きすぎても衝突時の相互作用を起こす時間が短すぎるとかえって電離が起こりにくくなるため，気体に入射する電子のエネルギーが小さくても大きすぎても電離する割合 (電離確率, ionization probability) は小さくなることが知られている．

水銀や希ガス (He, Ne, Ar など) では準安定準位が存在するため，1度衝突によって準安定準位に励起した原子が再度電子衝突によってエネルギーを吸収し，電離状態に至ることがある．これを累積電離 (cumulative ionization) と

よぶ．He ガスなど希ガスではこの準安定準位があるため電離電圧が高くても比較的容易に放電が生じる．

また，このような準安定励起準位をもった気体と，その励起準位よりわずかに低い電離電圧をもったほかの気体とを混合するだけで放電を開始する電圧が著しく低下することが知られている．これをペニング効果 (Penning effect) とよぶ．

たとえば，蛍光灯ではアルゴン (Ar) ガス中に少量の水銀 (Hg) 蒸気が混合されている．これは Ar の準安定電圧 11.5 eV が Hg の電離電圧 10.4 eV よりわずかに大きいため，Ar の準安定励起原子が Hg 原子と衝突することによって Hg の電離が盛んに起こり，放電電圧が低下する．そして水銀プラズマから発光した紫外線によって蛍光面を光らせることで光源として利用される．

また，Ne の準安定電圧がわずかに Ar や Xe の電離電圧より高いことから Ne と Ar あるいは Xe の混合ガスでも放電電圧の低下が起こる．Ne ガス中に少量の Xe ガスを混合させる手法は最近のプラズマテレビの微少放電セルを発光させる際に利用され，低消費電力化に貢献している．

d. 光による励起と電離

光子の入射によって原子にエネルギーが与えられると衝突過程と同様に励起 (光励起，photo-excitation)，および電離 (光電離，photo-ionization) が起こる．

光子エネルギー W[J] はプランク定数 $h(=6.626\times 10^{-34}$ [J·sec]) と光の振動数 ν[s^{-1}] を用いて $W=h\nu$ とあらわされる．この W を電子ボルトの単位であらわすと，入射する光の波長 λ と W との関係は次式であらわされる．

$$\lambda\,[\mu m] = \frac{hc}{W} = \frac{1.24}{W\,[\text{eV}]} \tag{1.54}$$

たとえば，N_2 分子の場合，準安定励起準位は 6.2 eV，電離電圧は 15.5 eV であるからこの励起または電離に必要な光の波長はそれぞれ $\lambda=200$ nm，80 nm であり，いずれも紫外線の領域 (10〜400 nm) となる．また，1.4 節で述べるような再結合過程において発生した光がほかの粒子を励起，電離する過程も重要である．

e. 熱による励起と電離

気体の温度が高くなると，電離や励起に必要なエネルギー以上の運動エネルギーをもった粒子が増え，常に一定の励起 (熱励起，thermal excitation) や電離 (熱電離，thermal ionization) が生じている状態となる．一方で再結合によってイオンから中性粒子に戻る反応も生じ，イオンや電子密度は気体温度に対してある一定の割合で存在する定常状態に達する．

サハ (M. Saha) は次式のように電離電圧 V_i をもつ粒子が電離と再結合を行う可逆過程を考え，

$$\mathrm{M} \rightleftharpoons \mathrm{M}^+ + e - V_i \tag{1.55}$$

中性粒子の M，正イオンの M^+，電子の e とが完全に熱平衡状態にあると仮定して次の理論式を導いた．

$$\frac{n_i n_e}{n_0} = \frac{2g_i}{g_0} \frac{(2\pi m_e kT)^{3/2}}{h^3} \exp\left(-\frac{eV_i}{kT}\right) \tag{1.56}$$

ここで，n_i, n_e, n_0 はそれぞれイオン密度，電子密度，中性粒子密度，m_e は電子質量，h はプランク定数，k はボルツマン定数，T は温度 [K]，V_i は電離電圧 [eV] である．また，g_i, g_0 はイオン及び中性原子の統計重価であり，たとえば水素では $g_i = 1$, $g_0 = 2$ である．

いま，電離度 $x = n_e/(n_e + n_0)$，全圧力 $p = kT(n_e + n_i + n_0)$ を用いて $g_i/g_0 = 1$ の場合にこの式を書き直すと次式が得られる．

$$\frac{x^2}{1-x^2} p = 5.0 \times 10^{-4} T^{\frac{5}{2}} \exp\left(-\frac{eV_i}{kT}\right) \tag{1.57}$$

とあらわされる．ここで，p は圧力 [Torr] であり，電離度 x は 0 から 1 までの値をとる．また，n_e/n_0 を電離比とよぶ．図 1.10 は電離電圧 $V_i = 5, 15, 25\,\mathrm{eV}$ の気体に対して 1 気圧 (760 Torr) 時での電離度とガス温度との関係を示した図である．

1 eV は温度に換算すると，$W = kT$ より $T[\mathrm{K}] = (1.602 \times 10^{-19})/(1.381 \times 10^{-23}) = 1.16 \times 10^4$ であるから 1 eV は約 11600 K に対応する．図 1.10 から電離電圧に比べ割合低い温度で急激に電離度が上昇することがわかる．ただしサハの式で仮定している熱平衡条件に達するのは気圧が高く粒子間衝突が著し

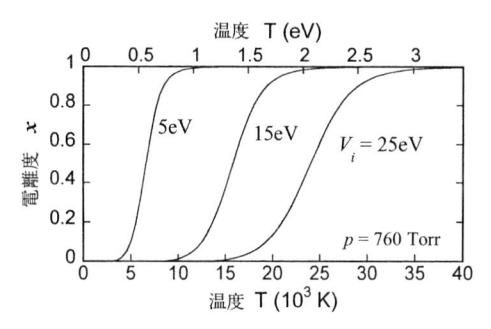

図 1.10 熱電離による電離度とガス温度との関係

いことが必要である．電離電圧の低いセシウム (Cs) などのアルカリ金属は低い温度でも電離度が高くなるため，これらの物質を少量，他のガス中に導入することで放電を容易にすることも行われる．

1.4 再結合と電子付着

a. 再 結 合

電離によって生じた電子や正イオン，または次に述べる電子付着によって生じた負イオンは互いに結合してもとの中性の原子や分子に戻る．この現象を再結合 (recombination) とよぶ．

実際の放電プラズマでは容器壁にイオンや電子が達するとその表面の原子を第3の粒子として再結合が生じ荷電粒子の大きな損失過程となる．これを表面再結合 (surface recombination) とよぶ．

一方，空間中で粒子同士が衝突し，再結合が起こる場合がある．これを体積再結合 (volume recombination) とよぶ．体積再結合過程には正イオンと負イオンとが電子の授受を行って中性の原子や分子にもどるイオン再結合，正イオンと電子とが結合する電子再結合などがある．表1.2に種々の再結合過程を示している．

再結合が行われると，正イオンなどの電離に要したエネルギーが余剰エネルギーとして発生する．これを外部に光として放出するか内部の励起エネルギーとして蓄積する．外部に光を放出する再結合過程を放射再結合 (radiative

表1.2 さまざまな再結合の過程

イオン再結合	電子再結合
(1) 三体再結合 $A^+ + B^- + C \to AB + C$	(1) 三体再結合 $A^+ + e^- + C \to A^* + C$ $A^+ + e^- + e^- \to A^* + e^-$
(2) 放射再結合 $A^+ + B^- \to AB + h\nu$	(2) 放射再結合 $A^+ + e^- \to A^* + h\nu$
(3) 電荷交換 $A^+ + B^- \to A^* + B^*$	(3) 解離再結合 $AB^+ + e^- \to A^* + B^*$
*は励起状態に対応.	(4) 直接再結合 $A^+ + e^- \to A^*$

recombination) とよぶ．また多原子分子では余剰エネルギーは振動励起エネルギーになるが，これが大きいときたがいに解離する．この過程を解離性再結合 (dissociative recombination) とよぶ．

一般にイオン再結合，特に3つの粒子が関与する三体再結合 (three body recombinatioon) は電子再結合に比べ非常に起こりやすいことが知られている．再結合が行われるには正負イオンあるいは正イオンと電子とが十分に接近していることが必要となる．そのため両者の相対距離が小さくたがいに低速のほうが再結合が行われやすい．ほかの粒子との衝突が多くなると，この衝突によって正イオンは低速となり，再結合が進む．このようなイオンどうしの三体再結合は気圧が高い場合にもっとも起こりやすい再結合過程である．

b. 電子付着

電子が原子や分子に付着し，負イオンを形成することを電子付着 (electron attachment) とよぶ．電子付着の起こりやすさは気体の種類によって異なるが，最外殻電子軌道の電子が1, 2個少ない F, Cl, Br, I などのハロゲンガスや酸素など，またこれらの原子を含む SF_6 ガスなどは電子付着により負イオンを生じやすい．このような気体を負性気体とよぶ．

このような負性気体では電離によって電子が生じてもこれが負イオン生成に使われるため電離した気体 (プラズマ) 中には正イオンと負イオンが存在する．この負イオンは電界によって加速されにくく衝突電離作用が起こりにくいため，負性気体では放電が生じにくい．このような性質から SF_6 ガスなど一部の負性

気体は絶縁ガスとして使用されている．

　ハロゲンガスなどでは最外殻電子軌道の不足分の電子を補足し，負イオンを形成した方がエネルギー状態が低く安定になる．負イオンから電子を離脱させもとの中性原子の戻すためには外部から負イオンにエネルギーを与える必要がある．このエネルギー量を負イオンの電子親和力 (electron affinity) とよぶ．ちょうど正イオンの電離電圧に対応したもので，代表的な負イオンの電子親和力を表 1.3 に示す．

表 1.3 各種気体の電子親和力

気体		原子番号	電子親和力 [eV]	気体		原子番号	電子親和力 [eV]
	H	1	0.754	アルカリ金属	Li	3	0.618
	O	8	1.461		Na	11	0.548
	S	16	2.077		K	19	0.501
ハロゲン	F	9	3.401		Rb	37	0.486
	Cl	17	3.612		Cs	55	0.472
	Br	35	3.364				
	I	53	3.059				

　興味深いのは水素原子も電子親和力（約 0.75 eV）をもっていることである．水素原子は電離電圧 13.6 eV で，正イオン (H^+) を作りやすいが，放電条件を整えれば電子付着によって負イオン (H^-) も形成される．ただし，電子温度が 1 eV 以上になると電子との衝突によって容易に水素原子に戻るため，放電中心部よりも容器壁近傍の電子温度が低く再結合が活発に行われる領域でよく生成される．この水素負イオンは核融合を目指した高温プラズマ加熱用の中性粒子入射装置にとって不可欠なものとして利用されている．

演 習 問 題

1.1 式 (1.6) を用いて，20°C, 1 mTorr での理想気体の粒子数密度を求めよ．
1.2 式 (1.16) のマクスウェル速度分布関数を用いて式 (1.17), (1.18), (1.19) の 3 つの速度の表式を計算せよ．
1.3 20°C, 1 気圧での N_2 ガスについて，この中性 N_2 分子の熱速度 v_{rms} と分子どうしの衝突周波数 ν_c を求めよ．ただし，N_2 分子の直径は 3.75×10^{-10} m

であり，剛体球どうしの衝突と考えてよいものとする．

1.4 質量 m_1 と m_2 の 2 つの粒子の弾性衝突を考える．弾性衝突では衝突前後のエネルギーと運動量の和はそれぞれ保存される．いま，質量 m_1 の粒子が，静止した質量 m_2 の粒子に速度 v_1 で正面衝突を行ったとする．その衝突の前後で質量 m_1 の粒子がもつ運動エネルギーの失った割合 (損失係数) K を求めよ．

1.5 セシウム (Cs) の電離電圧は約 $3.89\,\mathrm{eV}$ であるが，光電離を起こすために必要な光の最大波長を求めよ．

2 気体の放電現象と絶縁破壊

　気体中におかれた2つの金属間に電圧を印加していくと，ほんのわずかながら電流が流れはじめるが，ある電圧以上に達すると突然発光が観測され大きな電流が流れはじめる．放電とよばれるこの現象のようすや放電が開始する電圧値は，気圧の値や金属電極の形状などに依存する．気体中の放電現象には金属表面近傍で起こるコロナ放電や，電極間で発光が起こるグロー放電，アーク放電などさまざまな種類がある．本章では気体中の放電現象の基礎過程としてタウンゼントが展開した理論やパッシェンの法則をはじめ，さまざまな放電の基礎について概説し，気体中で絶縁を行う方法など高電圧機器を取り扱う際に必要な事項を説明する．

2.1 気体放電の基礎

a. 電子放出

　気体中にまったく荷電粒子がなければ，いくら高電界をかけても中性粒子には何の影響も及ぼさない．しかし，実際には気体中には外部から電磁波や荷電粒子（たとえば宇宙線や地表からの放射線など）が流入し，それによってわずかながら電荷をもった粒子が存在する．これが電界によって加速され，衝突を繰り返しながら電子やイオンをなだれ的に発生させ，放電に至ると考えられている．

　また，電極となる金属中には自由電子が存在し，仕事関数 (work function) とよばれるエネルギー障壁より大きなエネルギーが外部から与えられると金属表面から外部に放出される．このようなエネルギー源としては光や熱，電子やイオン，中性粒子などの粒子衝突のほかに，強い電界が印加された場合などは量子効果によって外部に電子が放出されることが知られている．

これらのエネルギーの与え方によって, 光電子放出 (photo-electric emission), 熱電子放出 (thermal electron emission), 2次電子放出 (secondary electron emission), 電界電子放出 (field electron emission) などとよばれている.

熱電子放出を利用して加熱した陰極 (熱陰極) を用いることはよく行われている. たとえばアーク放電の維持には陰極から大量の電子供給が必要であるが, このような場合にフィラメントなどで加熱された熱陰極を用いることがある.

金属温度と電子放出量の関係について, リチャードソン (O. Richardson) とダッシュマン (Dushmann) らは, 熱電子放出による電流密度 J_t が以下の式で与えられることを示した.

$$J_t = AT^2 \exp\left(-\frac{e\phi}{kT}\right) \ [\mathrm{A/m^2}] \tag{2.1}$$

ただし, $A = 4\pi m_e e k^2/h^3 = 1.24 \times 10^6\ [\mathrm{A/(m^2 K^2)}]$, T は金属の温度 [K], ϕ は金属の仕事関数 [V], e は電子の電荷量, m_e は電子質量, k はボルツマン定数, h はプランク定数である.

陰極からの電子放出を促すため陰極温度を上げたり, 仕事関数の低い金属を用いることで電子供給量を増やすことができる. そのため陰極材料として融点の高いタングステンや, 仕事関数の低い酸化バリウムやランタンヘキサボライド (LaB$_6$) などが用いられたりする.

金属表面に電場 E が存在すると自由電子を束縛しているエネルギー障壁の高さが $e\Delta\phi = e\sqrt{eE/(4\pi\epsilon_0)}$ だけ減少する. これをショットキー効果 (Schottkey effect) とよび, この電界効果によって式 (2.1) であらわされる電子電流密度は以下のように変更され, 陰極からの電子放出は電界のない場合に比べ大きくなる.

$$\begin{aligned}J_{ts} &= AT^2 \exp\left[-\frac{e}{kT}(\phi - \Delta\phi)\right] = J_t \exp\left[\frac{e}{kT}\sqrt{\frac{eE}{4\pi\epsilon_0}}\right] \\ &= J_t \exp\left(0.44 \frac{\sqrt{E[\mathrm{V/m}]}}{T[\mathrm{K}]}\right)\ [\mathrm{A/m^2}] \end{aligned} \tag{2.2}$$

b. 非自続放電とタウンゼントの実験

気体中におかれた電極間に電圧を印加すると, 最初は放射線などによって発

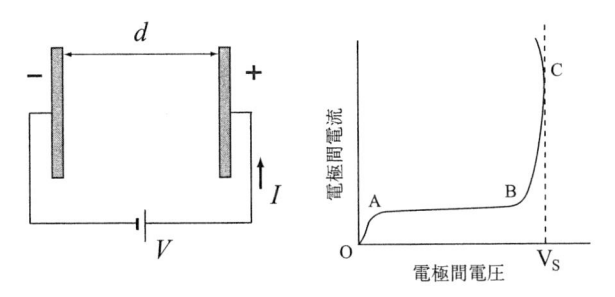

図 2.1 気体中における平板電極間での電圧電流特性

生したわずかな電子やイオンが電極に流れ込み，ごく微少な電流が流れる．

この様子を調べるため，気体中に図 2.1(a) に示すような平行電極板を設置し両端に電圧 V を加えると，電極間の気体を通じて流れる電流 I は電圧の上昇とともに図 2.1(b) に示すように変化する．

OA 間では弱い電界によって加速されたわずかな荷電粒子が，一部は途中で再結合しながらも徐々に電極に到達する数が増加していくため電流は増える．しかし，電極内の荷電粒子がほぼ全部電極に到達するようになると電流値は飽和する (AB 間)．この電流を暗流 (dark current) とよぶが，この電流密度は大気中では 10^{-17} A/cm^2 程度にすぎない．この電界強度ではまだ電極間で粒子どうしの衝突による電離は起きていない．

さらに電界を強くしていくと，電極間での衝突の際にほかの粒子を電離させるだけの運動エネルギーを荷電粒子がもつようになり，加速度的に気体中の荷電粒子の数が増大する．そのため電流は指数関数的に上昇する (BC 間)．電流値がある値を超えるようになると電流–電圧特性は負特性を示し，これ以降放電は外部からの荷電粒子生成作用がなくても気体中で発生する荷電粒子のみで放電を維持できるようになる．これを自続放電 (self-maintained discharge) とよび，それに至る前の領域 (図の OABC の領域) での放電を非自続放電 (non-self-maintained discharge) とよぶ．

図の BC 間は，気体の絶縁破壊が，どのように起こるかを理解するうえで重要な領域である．この領域における放電現象はイギリスのタウンゼント (J. S. E. Townsend) をはじめとする詳細な研究が 20 世紀初頭頃行われた．この時期はトムソン (J. J. Thomson) による電子の発見や，ボーア (N. Bohr)

やハイゼンベルク (W. Heisenberg) などの量子力学の発展の時期とも重なり，気体放電の実験研究は時代の最先端科学の 1 つであった．

タウンゼントは気体内に発生する初期電子量を制御するため，陰極面に紫外線を照射し，そこからでるわずかな光電子 (photo-electron) を利用した．この電流値は 10^{-14} A/cm^2 程度と非常に小さいが，自然界の放射線などによる発生量よりも十分大きいため天候などの自然条件に左右されることなく実験を行うことができた．

陰極からの光電流量 I_0 や，気圧 p，電界強度 E を一定に保ち，電極間隔 d を変化させ陽極に流れる電流値を計測したところ，電流値は d に対して指数関数的に変化し，図 2.2 に示すような結果を得た．

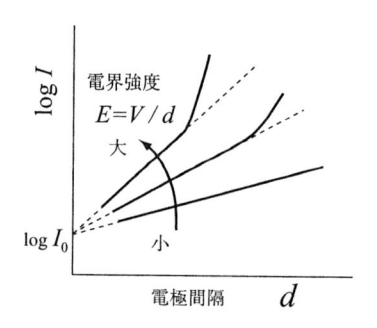

図 2.2 電極間に流れる電流と電極間距離との関係

この実験結果をみると，以下のことがわかる．
(1) 電極間隔 d を増やすと電極間に流れる電流 I が増える．この電流値の対数をとった値 $\log I$ は電極間隔 d に比例する．
(2) 電極間に印加する電圧を増やして電界強度を増やした場合も $\log I$ は増加する．

最初の項目から，放電電流 I はある係数 α を用いて，

$$I = I_0 \exp(\alpha d) \tag{2.3}$$

とあらわされることがわかった．この係数 α を電子の衝突電離係数 (collisional ionization coefficient) またはタウンゼントの第 1 電離係数とよぶ．

この実験結果は以下のように解釈できる．電子の衝突電離係数を α とおくと，これは1個の電子が電界方向へ加速され移動する間に衝突電離を起こし，単位距離あたり α 個（対）の電子と正イオンが発生することをあらわしている．

いま，単位面積あたり n 個の電子が dx だけ移動する間に増加する電子の個数 dn は，

$$dn = n\alpha dx \tag{2.4}$$

であるから，以下の微分方程式が成り立つ．

$$\frac{dn}{dx} = \alpha n \tag{2.5}$$

$x=0$ のとき $n=n_0$ としてこれを解くと，

$$n = n_0 \exp(\alpha x) \tag{2.6}$$

したがって，陽極位置 $(x=d)$ に達したときの電子の総個数が電流値 I に対応することより，式 (2.3)

$$I = I_0 \exp(\alpha d)$$

が成り立つことがわかる．

このような電流の増幅作用を研究したタウンゼントはさらに，この α が電界強度 E や気圧 p の値によって変わる理由について研究を行い，次式のように α/p が E/p の関数になることを見出した．

$$\frac{\alpha}{p} = A \cdot \exp\left(-\frac{B}{E/p}\right) \qquad (\text{ただし } A, B \text{ は適当な定数}) \tag{2.7}$$

この式は以下のようにして導かれる．電子が距離 x だけ進む間に電場 E によって加速され，電離電圧 V_i に対応するエネルギーまで加速されたところで電離が生じると考えると，電離を起こすまでに移動した距離 x は

$$eEx = eV_i \tag{2.8}$$

より $x = V_i/E$ となる．

一方，もともと N 個あった電子の個数は衝突によって減少し，距離 x 移動

したときに n 個になったとする．この n を平均自由行程 λ_c を用いてあらわすと，

$$n = N \exp\left(-\frac{x}{\lambda_c}\right) \tag{2.9}$$

となる．この x に式 (2.8) で求めた値を代入し，比 n/N を求めると，

$$\frac{n}{N} = \exp\left(-\frac{V_i}{\lambda_c E}\right) \tag{2.10}$$

となる．最初の N 個のうち，電離を起こす距離 $x = V_i/E$ まで衝突を起こさずに移動し，そこで電離を起こす粒子数が n 個あるということから，この比 n/N は電子が衝突時に電離を起こす確率に対応すると考えることができる．

いま，衝突電離係数 α とは単位長さあたりを移動する間に電離が起こる割合であり，λ_c の逆数 $1/\lambda_c$ は単位長さあたりの衝突回数をあらわすから，単位長さあたり衝突によって電離が起こる回数は衝突回数 $1/\lambda_c$ に先ほどの電離を起こす確率をあらわす比 n/N をかければよい．よって，衝突電離係数 α は以下の関係式であらわされる．

$$\alpha = \frac{n}{N}\frac{1}{\lambda_c} = \frac{1}{\lambda_c} \exp\left(-\frac{V_i}{\lambda_c E}\right) \tag{2.11}$$

気圧 p の逆数は気体密度に比例するため，p の逆数と平均自由行程 λ_c とは比例する（$1/p \propto \lambda_c$）．いま，$1/\lambda_c = Ap$（A は比例定数）として上式に代入すると，

$$\frac{\alpha}{p} = A \exp\left(-\frac{AV_i}{E/p}\right) \tag{2.12}$$

のように式 (2.7) が導かれる．

種々の気体について α/p と E/p との関係を測定した例を図 2.3 に示す．また，式 (2.7) での定数 A, B の値を表 2.1 に示す．このように放電現象に関する特性曲線が，気体の種類によらず同様なふるまいを示すことを放電の相似則とよぶ．

上記の現象は以下のように考えることもできる．気圧の逆数 $1/p$ は λ_c に比例するため，E/p は $E\lambda_c$ に比例する．この値は電子が衝突間に電界方向に λ_c

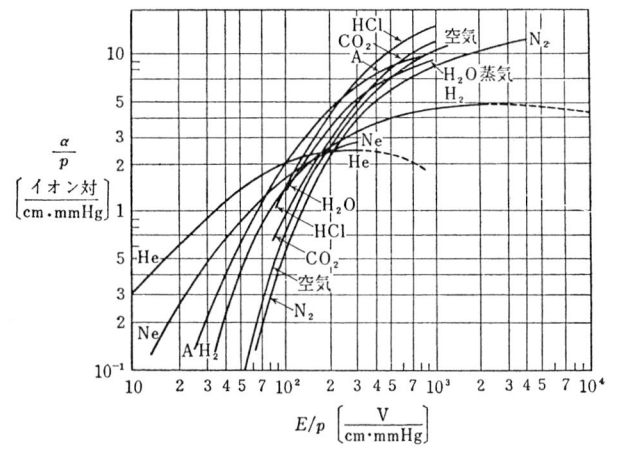

図 2.3 相対電離係数と電界強度との関係[13]

だけ移動する間に電界から受け取るエネルギーに対応する．また，α/p は $\alpha\lambda_c$ に比例することから，電子が電界方向に λ_c だけ移動する間にほかの粒子と衝突し電離を起こす確率，すなわち1回の衝突に際して電離の起こる確率に比例する．式 (2.7) であらわされる関係式は，衝突間に電子が得るエネルギー (E/p) が一定ならば，1回の衝突に際して電離の起こる確率 (α/p) も一定になることを示している．この E/p を換算電界 (reduced electric field) とよぶ．放電に関する研究では気圧のかわりに気体分子数密度 $N[\mathrm{cm}^{-3}]$ を使って，E/N を換算電界として用いることが多い．この時の単位として Td (タウンゼント) を用いる．1 Td $= 10^{-17}$ V$\cdot$cm^2 である．

表 2.1 各ガス種における式 (2.7) 中の係数の値[13]

気体	A	B	適用範囲 $E/p \left[\dfrac{\mathrm{V}}{\mathrm{cm}\cdot\mathrm{mmHg}}\right]$
空気	14.6	365	150〜600
H_2	5.0	130	150〜400
N_2	12.4	342	150〜600
He	2.8	34	20〜150
Ar	13.6	235	100〜600
H_2O	12.9	289	150〜1000
CO_2	20.0	466	500〜1000

タウンゼントはさらに研究を進め，光電流を用いた実験で，電極間隔が増し電極間に流れる電流値が増えていった際，$\log I$ と d とが比例しなくなること，また，電界強度が増すとある値のところで急激に電流が上昇し，ついには自続放電に移行することを観測した．電流の急激な上昇と自続放電に至る過程は電子の衝突電離作用だけでは説明がつかず，別の機構が必要であった．最初彼は気体中に生じた正イオンと気体粒子との衝突による電離作用を考え，正イオンの衝突電離係数として β を導入し，この作用による効果だと発表した．しかし実際は，実験を行っている換算電界強度の範囲ではこの値は微少であり，上記の現象を定量的に説明することはできなかった．結局，正イオンが陰極に衝突する際に発生する2次電子が新たな電子源として作用し，この電子が陽極に至る間になだれ的に電離を起こす効果が重要であることがわかった．この間に20年ほどを要することになるが，その理由の1つとして，すでに学会の重鎮であったタウンゼントの意見に異を唱えることの難しさがあった．

陰極面から2次電子 (secondary electron) を放出する効果は γ 作用 (gamma effect) とよばれる．陰極へ入射するイオン数と放出される2次電子の比を2次電子放出係数 (secondary electron emission coefficient) γ として定義する．

図 2.4 に示すような平行電極間での衝突電離過程において，電子衝突による α 作用にこの γ 作用を考慮して，陽極に流れ込む電子電流値を計算する．

まず，紫外線照射によって陰極から最初に放出される電子数を n_0 とすると，これらの電子は距離 d だけ離れた陽極に到達する間に衝突電離を繰り返し，

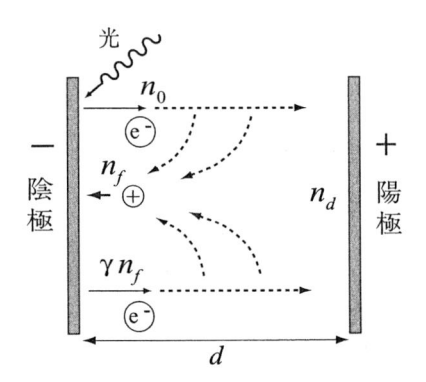

図 2.4　α 作用と γ 作用による電子電流の形成

$n_0 \exp(\alpha d)$ 個の電子群となる．一方，途中で生じたイオンは陰極面に到達すると 2 次電子放出効果によって新たに電子を発生する．いま，電極間で生じたイオンの総数を n_f とする．陰極から出発する電子数は，最初の光電子の個数 n_0 と γ 効果によって生じた γn_f 個の和となるから，最終的に陽極に達した電子の総数 n_d は，α 作用により，

$$n_d = (n_0 + \gamma n_f) \exp(\alpha d) \tag{2.13}$$

となる．電極間での衝突電離によって生じた電子数は生成されたイオン数 n_f と一致するから，この n_d の値は，最初の電子数 $(n_0 + \gamma n_f)$ と途中で生成した電子数 n_f との和であらわされる．

$$n_d = (n_0 + \gamma n_f) + n_f \tag{2.14}$$

この 2 式より，n_f を消去すると，

$$n_d = n_0 \frac{\exp(\alpha d)}{1 - \gamma(\exp(\alpha d) - 1)} \tag{2.15}$$

となる．通常 γ は 1 よりも小さな値であり，電界 E が小さいときは，$\gamma(\exp(\alpha d) - 1) \ll 1$ が成り立つので

$$n = n_0 \exp(\alpha d) \tag{2.16}$$

と近似され，式 (2.6) に一致する．

c. 火花条件とパッシェンの法則

タウンゼントが求めた式によれば，$n_0 = 0$ すなわち陰極面から最初に放出される光電子がなければ，$n_d = 0$ となり，電極間に電流は流れない (非持続放電).
しかし，もし γ 作用が大きくなり，

$$\gamma(\exp(\alpha d) - 1) = 1 \tag{2.17}$$

という条件が成り立てば，式 (2.15) の分母が 0 となって，分子が 0 つまり $n_0 = 0$ であっても電流は流れうる．このとき，外部からの初期電流がなくても放電電流が持続する (自続放電)．この条件式をタウンゼントの火花条件とよぶ．ま

た，これを満たす電極間電圧を放電開始電圧 (breakdown voltage) または火花電圧 (spark voltage) とよぶ．

この火花条件式 (2.17) は以下のように理解できる．陰極を出た電子が陽極に至るとき $e^{\alpha d}$ 個の電子になるが，その間に $(e^{\alpha d}-1)$ 個の正イオンが生じる．この正イオンが陰極に向かって進み，陰極面で $\gamma(e^{\alpha d}-1)$ 個の2次電子を放出する．これが1個以上であれば陰極面から発する電子は自給自足され，したがって外部から紫外線などを当てなくても放電は持続される．

この火花条件式 (2.17) とタウンゼントが求めた式 (2.7) とを用いて，火花電圧 V_s を計算してみよう．

火花電圧印加時に電極間にかかる電界強度 E_s は電極間隔 d を用いて $E_s = V_s/d$ とあらわされる．これを上の2式に代入する．

$$\alpha = \frac{1}{d}\log\left(1+\frac{1}{\gamma}\right) = Ap\exp\left(-\frac{Bpd}{V_s}\right) \tag{2.18}$$

より，これを変形して，

$$V_s = \frac{Bpd}{(\log A - \log\log(1+1/\gamma)) + \log(pd)}$$
$$= B\frac{pd}{K + \log(pd)} = f(pd) \tag{2.19}$$

ここで，γ はもともとイオンのエネルギーには大きく影響しないこともあり，この対数をとった値はほとんど定数と考えることができる．したがって K も定数項と見なすことができ，火花電圧 V_s は pd，すなわち気圧 p と電極間隔 d との積のみに依存する．これをパッシェン (Paschen) の法則とよぶ．この法則も放電の相似則の1つである．

この法則を見出したのは1800年代のおわり頃で，当時大学生であったパッシェンが実験的に V_s が pd の関数となることに気がついた．上式のような理論式での説明を与えたのはタウンゼントである．

火花電圧と pd 積との関係をいろいろな気体に対して測定を行った結果を図2.5に示す．この図からもわかるように式 (2.19) はある pd 値のところで火花電圧が最小値をとる．種々の気体について，最小火花電圧とそのときの pd 値を表2.2に示す．この表で示されるように空気中での最小火花電圧は約 330 V

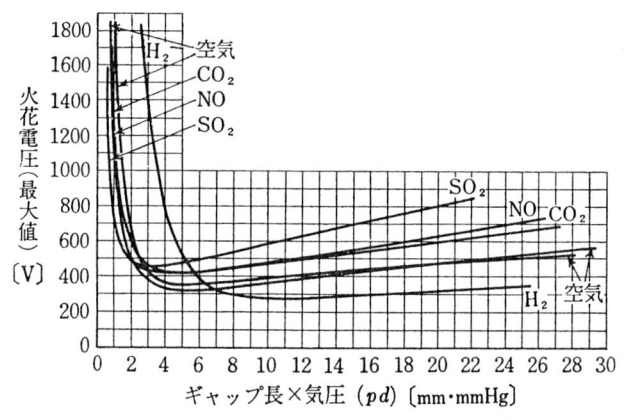

図 2.5 種々の気体におけるパッシェン曲線[13]

である.

pd 値に対する火花電圧の変化については次のように考えることができる. 気圧 p は $1/\lambda_c$ に比例し,また電極間の電場は $E = V/d$ であるから,pd は $1/E\lambda_c$ に比例する. $E\lambda_c$ は衝突間に電場によって加速された粒子の得るエネルギーであることから,pd 値が小さくなると,衝突間に得るエネルギー値が大きくなり衝突電離を起こしやすくなる. そのため火花電圧 V_s は減少する. しかし,ある値以上に pd 値が小さくなると,電離を起こすための衝突回数が減りすぎ,そのため火花電圧 V_s が急激に増加する.

放電実験を行う際に,数 Torr 以下に気圧を下げた条件下で,電圧を電極間に

表2.2 種々の気体における最小火花電圧とそのときの pd 値[13]

気体	最小火花電圧 $(V_S)_{\min}$ [V]	$(pd)_c$ [mm·mmHg]
空気	330	5.67
H_2	270	11.5
O_2	450	7.0
N_2	250	6.7
He	156	40
Ar	233	7.6
Ne	186	3.0
CO_2	420	5.4

印加して行う場合が多い．この際，意外なところから放電が起こってしまうことがある．電極部以外で放電を起こさないようにと絶縁距離をとったとき，かえって pd 値の最適なところになってしまい，遠方の金属部との間に放電が発生してしまうことがあるが，これもパッシェンの法則から理解できる．

また，最近ではプラズマテレビなどの発光セル内など微少領域での放電研究が注目を集めているが，この際にも放電に最適な気圧を測定してみるとパッシェンの法則に従っていることがわかる．

このようにさまざまな場面でこのパッシェンの法則は顔を出すが，式 (2.19) で示される関係式が成り立つ範囲はそれほど広くなく，$pd \approx 200 \sim 500 \, \text{cm} \cdot \text{mmHg}$ の範囲で適応できることが知られている．

d. ストリーマ理論

放電の基礎過程について明快な理論を導いたタウンゼントであったが，研究が進むにつれて説明がつかない現象が徐々に増えてきた．

大気中の電極間に火花電圧以上の高電圧をパルス的に印加した際，火花放電が起こるまでの時間遅れを測定すると，電圧が高くなるほど短くなり，電極間隔 1 cm では約 10^{-8} 秒以下となることが計測手法の発展とともに明らかにされてきた．タウンゼントの理論では自続放電が起こるためには，正イオンが陰極に到達し 2 次電子を放出することが必要であるが，正イオンは電子に比べ重いため 1 cm 間の移動には約 10^{-6} 秒必要である．また，火花条件には 2 次電子放出係数 γ が関係しているが，実際には火花電圧には陰極材料はほとんど関係が無く火花放電開始に至るには 2 次電子放出によらない別の機構が存在することが示唆された．

この現象を説明するためイギリスのミーク (J. M. Meek) は，一個の電子が次々と電離を起こし電子数を増やしていく電子なだれ現象が起こったあとにストリーマ (streamer) とよばれるプラズマ状の細い放電路が形成されるという理論を提案した．この様子を図 2.6 に示す．

まず，①気体中を電子が衝突電離を繰り返しながら，電子なだれが形成される (図 2.6(a))．②電子はイオンに比べ非常に早く移動するため，電子なだれで発生した負電荷が陽極に到達したとき，イオンはほとんど動かず，正電荷の空

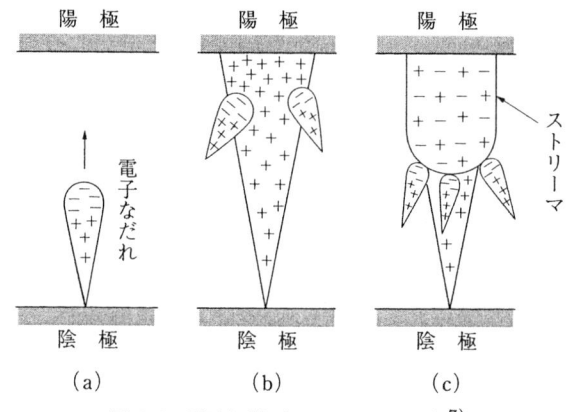

図 2.6 電子なだれとストリーマの形成[7]

間電荷群を形成する．特に，陽極近傍では生成された電子数が多いため，正の空間電荷による電界が非常に強くなる．③この正の空間電荷により発生した電界によって，その周辺で新たな電子なだれが生じる (図 2.6(b))．そして，この電子群と，残されていた正イオンとが混合し，プラズマ状の細い放電路 (ストリーマ) が形成される．④ストリーマの先端部 (一番電界が強い) に向かって次々と発生する電子なだれを吸収し，ストリーマは陰極に向かって発展する．

そしてこれが陰極に到達し，大量の 2 次電子を放出することにより火花放電が安定化される．この考えに従うと正イオンはもはや動く必要はなく，非常に短時間でストリーマによって両電極間が橋絡され放電路が形成されることがわかる．

2.2 気体放電の種類

a. 非自続放電と自続放電

気体放電の種類を非自続放電，自続放電で分類すると図 2.7 のようになる．

図 2.8(a) に示すような放電管を用いて，数 Torr 以下の低気圧条件下で電流電圧特性を測定すると，図 2.8(b) のような特性が得られる．この図で A から C に至る領域が非自続放電とよばれ，放電電流は非常に小さい値をとる．タウンゼントの理論が適用できる非自続放電領域からさらに電圧を上げていくと，

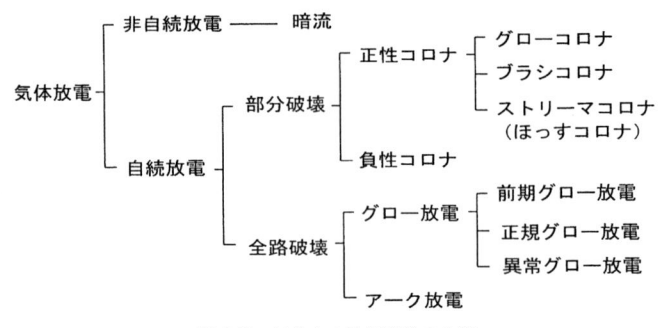

図 2.7 気体中の放電現象の分類

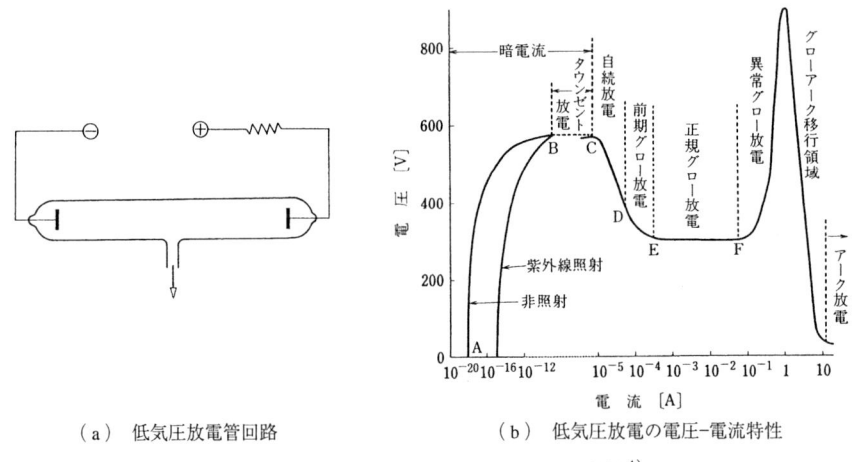

(a) 低気圧放電管回路　　(b) 低気圧放電の電圧-電流特性

図 2.8 気体中の放電現象における電流電圧特性[4]

急激に電流値が増すが，逆に放電電圧が低下して自続放電に至る．

　自続放電の代表的な種類としてはグロー放電 (glow discharge) とアーク放電 (arc discharge) がある．また針電極と平板電極などを用いたときに現れる不平等電界時にはコロナ放電 (corona discharge) とよばれる現象が見られる．以下の項ではこれらの放電形態について概説する．

b. コロナ放電

　針電極と平板電極などの不平等電界では，電極間に印加する電圧をだんだん

高くしていくと，針の先端部 (電界強度が一番大きい場所) でかすかに光った放電が開始する．この現象は針電極先端部で自続放電開始条件が満たされるため，局部破壊 (部分破壊) が起こったものと考えられ，これをコロナ放電とよぶ．

コロナ (corona) という名称は，もともと王冠 (crown) に由来したもので，日食時などに太陽のまわりにみられるコロナ現象のように，まわりをとりかこむ光り輝くものという意味をもつ．

コロナ放電が発生したあともさらに電圧を高くすると，このコロナが発達し電極間に橋渡しをする火花放電 (spark discharge) が生じる．

コロナ放電が発生する条件は次の2つが同時に満たされるときである．
① 電界分布が著しく不平等である．
② コロナの発生または進展によりコロナ先端部の電界強度が減少する．

最初の条件は，不平等電界が存在すると一番電界の高い部分から火花条件式 (2.17) が満たされこの部分で放電がはじまることに対応している．第2の条件は，もしこの逆でコロナという局所放電によってコロナ先端部の電界がさらに強くなってしまうと次々に放電条件を満たしていくため全路破壊 (火花放電) が発生してしまうことになる．

したがって，コロナ放電は高電圧が印加された機器や電極の表面にある局所的な突起形状の場所や，表面状態がなめらかでないところなどで発生する．コロナ放電は微小な放電のため，発光が弱くコロナ雑音とよばれるジージーという特徴的な音だけがする場合が多い．また発光しているのは突起がある電極 (たとえば針電極先端) だけであるため，実際に高電圧を機器に印加した際に，どこの接地電位の場所と放電が起こっているかを特定することはきわめて困難である．したがって，コロナ放電が起こった際の対策としては高圧側の端子部の電界を緩和させたり，絶縁油や絶縁ガス中に封入するような工夫を行うのが一般に行われている．

コロナ放電では，不平等電界が発生する針電極が正電圧か負電圧かで，発生する放電の特徴が異なる．

針状電極に正電圧を印加した場合に発生するコロナを正性コロナ (positive corona) とよぶ．針電極に正電圧を印加し，徐々に電圧を上げていくと図2.9

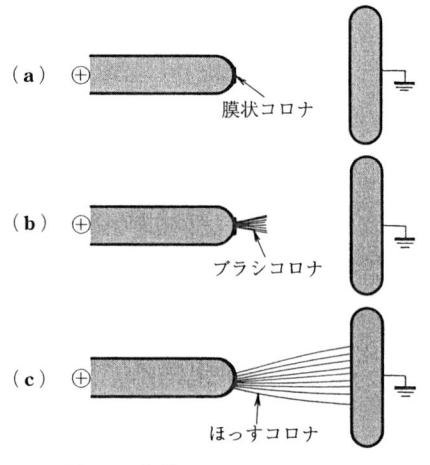

```
        (a) ⊕━━━━━━━▷
                    ↑
                  膜状コロナ

        (b) ⊕━━━━━━━▷≡
                    ↑
                  ブラシコロナ

        (c) ⊕━━━━━━━▷〰〰
                    ↑
                 ほっすコロナ
```

図 2.9 各種正性コロナ放電の形状

に示すようなコロナ放電形状の変化が観測されついには火花放電に至る．以下に各コロナ放電形状の特徴を記す．

(1) **グローコロナ (膜状コロナ)**：電極間隔が数 cm 以下の場合，2 kV 以上の電圧を印加すると針の先端部に暗い紫色の光点が現れる．この光はきわめて弱く，部屋を暗くしないと見えない．数 μA 程度の電流が流れており，このような状態の放電をグローコロナ，あるいは膜状コロナとよぶ．このとき，針電極近傍では正の空間電荷が存在し，電界が弱められる一方で，針先端の強い電界部でコロナが存在する．

(2) **ブラシコロナ**：電極間隔が数 cm 以上であれば，電圧を上昇させていくと火花放電が発生する前に針端から少しのびた形のコロナが発生する．この段階のコロナはグローコロナのように安定ではなく，シュッシュッという音を発して明滅しながら伸び縮みし，その先端部の瞬間的な速度は 10^5 m/s に達する．このような状態の放電をブラシコロナとよぶ．

(3) **ストリーマコロナ (ほっすコロナ)**：電圧をさらに上げていくと，コロナの発光部が電極間を短絡したかのように見える放電が発生する．この放電は細い光の線が多く集合し，それが数千 Hz 程度の周波数で明滅を繰り返している．このようなコロナをストリーマコロナ，あるいはほっ

すコロナとよぶ.「ほっす (払子)」とは, 細長い毛を束ねた仏具でお寺の住職が法要を行う際に手に持つ物である. 形状が似ていることから名付けられた.

正針対平板電極および針対針電極の電極間距離を変えて, 電圧を増加していった際にどのようなコロナが現れ, 火花放電に至るかを図 2.10, 図 2.11 に示す.

一方で, 針状電極に負電圧を印加した場合に発生するコロナを負性コロナ (negative corona) とよぶ. 負性コロナは, 正性コロナのように長いコロナが成長することはなく, 電極先端部が点状に発光しているのみである (図 2.12). このとき電流波形は図 2.13 に示すようなトリチェリパルス (Trichel pulse) と呼ばれる規則的なノコギリ波形が現れる. さらに電圧を上げると無パルス性グローコロナへ移行し, 火花放電にいたる.

コロナが大気中で発生すると, オゾンなどが発生するためオゾン臭やかすか

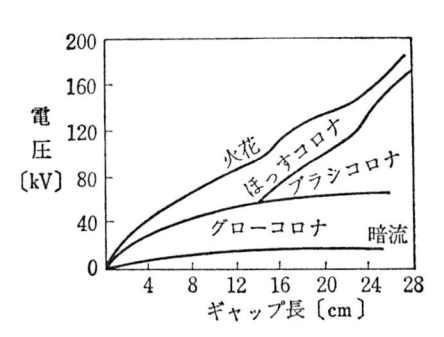

図 2.10 正針対平板電極におけるコロナ放電の形状[13]

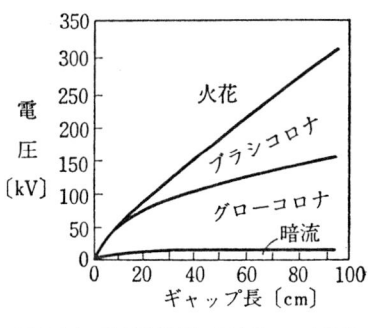

図 2.11 針対針電極におけるコロナ放電の形状[13]

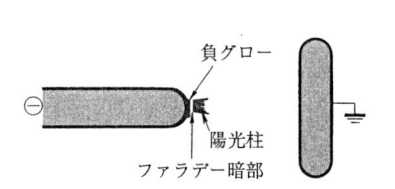

図 2.12 負性コロナ放電の形状

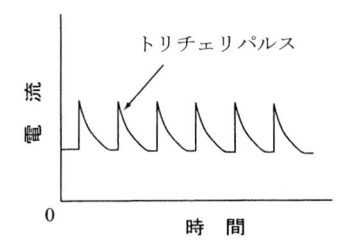

図 2.13 負性コロナ放電時の電流波形 (トリチェリパルス)

な音で感知することができる．負性コロナの方がオゾン (O_3) や NO, NO_2 の発生量が多いため，コロナ放電を利用した空気清浄器などでは正性コロナのほうを利用していることが多い．

針対平板電極間でのコロナ開始電圧と火花電圧には著しい極性効果がある．図 2.14 に示すようにギャップ長が比較的長いとき，正性コロナは負性コロナよりコロナ開始電圧は高いが，コロナ発生後は正イオンが空間電荷として電極先端部に残留し，コロナが進展しやすくなる．そのため正性コロナの伸展性は負性コロナよりはるかに大きくなり，したがって，火花放電に至る火花電圧は針電極が正電圧のときのほうが低くなる (図 2.15)．逆に針電極が負極性のときにはコロナ開始電圧は低くなるが，コロナによる安定化効果が働き，火花電圧は正極性時に比べ高くなる．

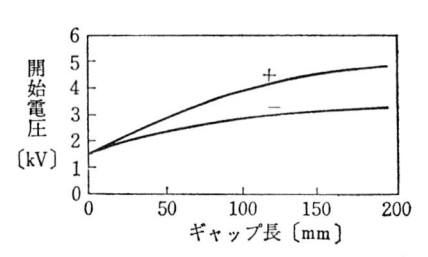

図 2.14 針対平板電極でのコロナ開始電圧[13]

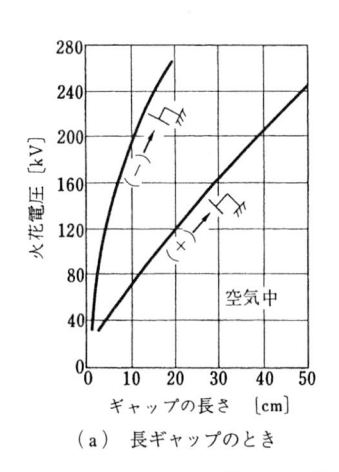

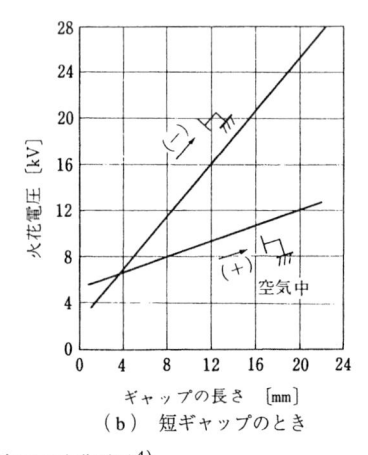

(a) 長ギャップのとき

(b) 短ギャップのとき

図 2.15 針対平板電極での火花電圧[4]

また，50〜60 Hz の商用周波数の交流が針対平板電極間に加えられたときは，半周期ごとにその極性に応じたコロナが発生していると考えられる．しかし，もっと周波数が高い高周波電圧が印加された場合は，コロナ部と対向平板電極間に存在する実効的な静電容量のため実効的な抵抗値が減少し，電流値が増えてコロナに供給されるエネルギーも格段に増大する．このときのコロナの形状はトーチコロナ (torch corona) とよばれるような火炎状のものとなる (図 2.16)．

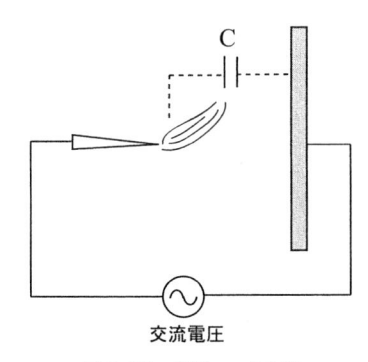

図 2.16 交流コロナ放電

コロナ放電や火花放電に対する湿度の影響は針電極の極性やコロナの種類によってさまざまである．正性コロナの場合，グローコロナは空気中の湿度による影響をほとんど受けないため，コロナ開始電圧は正性コロナでは湿度の影響はない．しかし，ブラシおよびストリーマコロナは湿度が高いとその発達が阻害される傾向を示す．この理由として電子や正イオンが水の分子に付着してギャップ内の荷電粒子の移動度が小さくなることが考えられる．一方で，負性コロナではコロナ開始電圧は著しく上昇する．また，コロナ電流は正，負ともに湿度の上昇とともに電流は減少するが，負性コロナにおいて減少の度合いが著しい．

また，火花電圧に及ぼす湿度の影響は，グローコロナから直接火花放電にいたる場合は火花電圧は湿度の影響を受けないが，ブラシおよびほっすコロナを経由して火花放電にいたる場合は，湿度が高いと火花電圧は上昇する．

このように湿度が高いとコロナや火花放電の発生を阻害するよう作用するが，このことは，天候が悪く雨や霧の深い日などに，高圧電線の近くでコロナの発

生音がよく聞こえるという現象と矛盾しているように思われる．実際は雨の日や霧の日などでは送電線の表面に雨粒や水滴が付着し，この凹凸部が生じるためにその部分からコロナが発生しやすくなったものと考えられる．

c. 送電線とコロナ現象

大気中でコロナが発生しても火花放電のような全路破壊に至らなければ絶縁上重大な問題となることは少ないが，コロナ放電による障害として実用上最も問題となるのは送電線のコロナ障害である．特に最近では超高電圧送電技術の発達にともなってコロナ発生対策は重要な課題となっている．

以下ではピーク (F. W. Peek) らによって実験的に求められたコロナ損失電力の算出法について述べる．

いま，図 2.17 に示すように，表面が滑らかに磨かれた半径 r[cm] の平行円筒電極に交流電界を加えたとする．このとき，コロナ放電がはじまる電界強度 E_m（臨界電界強度）は，

$$E_m = 29.8\delta \left(1 + \frac{0.301}{\sqrt{\delta r}}\right) \text{ [kV/cm]} \quad (2.20)$$

とあらわされる．これをピークの実験式とよぶ．ここで，δ は 20°C，1 気圧 (760 Torr) の空気密度を 1 としたときの相対空気密度であり，温度 T [°C]，気圧 p [Torr] の大気中では次式で与えられる．

$$\delta = \frac{273+20}{273+T} \frac{p}{760} \quad (2.21)$$

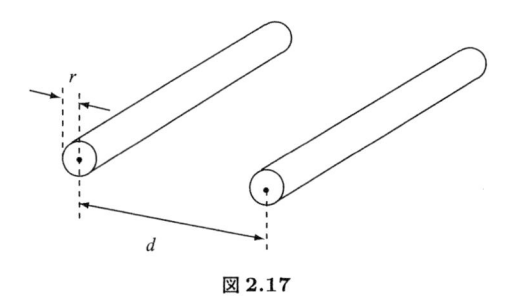

図 2.17

最近の研究によって，上式の臨界電界強度として次式の E_e が用いられるようになった．

$$E_e = \frac{30}{\sqrt{2}}\delta^{2/3}\left(1+\frac{0.301}{\sqrt{\delta r}}\right) \text{ [kV/cm]} \tag{2.22}$$

ただし，$E_e = E_m/\sqrt{2}$ である．

いま，図 2.17 のような電線間距離 d，半径 r の平行円筒電極表面での電界強度 E は，$r \ll d$ を仮定すると，

$$E = \frac{V}{2r\ln(d/r)} \tag{2.23}$$

であるから，この式と式 (2.22) を用いれば，コロナ臨界電圧は

$$V_c = 21.2\delta^{2/3}\left(1+\frac{0.301}{\sqrt{\delta r}}\right)r\ln\frac{D}{r} \text{ [kV]} \tag{2.24}$$

で与えられる．ここで，$D \text{ [cm]} = \sqrt[3]{D_{12}D_{23}D_{31}}$ は 3 相電線の等価線間距離である (図 2.18)．実際にはコロナの発生は電線の表面状態や天候にも左右されるため，その補正係数を考慮して，

$$V_c = 21.2 m_0 m_1 \delta^{2/3}\left(1+\frac{0.301}{\sqrt{\delta r}}\right)r\ln\frac{D}{r} \text{ [kV]} \tag{2.25}$$

とあらわされる．ここで m_0 は表面粗さ係数，m_1 は天候係数であり，それぞ

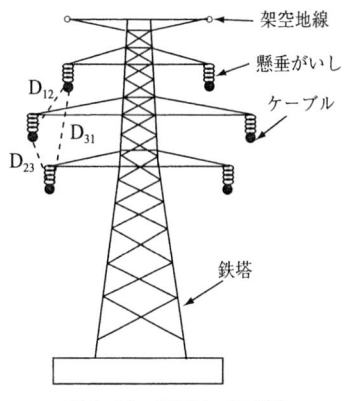

図 2.18 送電線の模式図

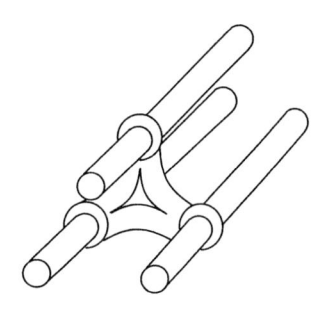

図 2.19 複導体方式

表2.3

導線表面の状態	m_0	天候	m_1
みがいた単一線	1	晴れ	1
粗い表面	0.95	雨，霧，雪	0.8
より線	0.8〜0.9		

れ表2.3にあらわされる値を代入する．

以上の式で計算されたコロナ臨界電圧以上に高電圧を印加すると，高圧送電線にコロナが発生する．このとき，発生するコロナによる電力損失をコロナ損失とよぶが，このコロナ損失に関するピークの実験式を以下に示す．

$$P = \frac{241}{\delta}(f+25)\sqrt{\frac{r}{D}}(V_0 - V_c)^2 \times 10^{-5} \; [\text{kW/km/線}] \qquad (2.26)$$

ここで，V_0 は電線の対地電圧 [kV]，V_c はコロナ臨界電圧 [kV]，f は交流の周波数 [Hz]，r は電線の半径 [cm]，D は電線の等価線間距離 [cm]，δ は相対空気密度である．

送電線でのコロナ発生を抑えるためには導体表面の電界強度を下げるため，電線の半径を大きくすればよい．1本の電線の半径を大きくするのはコストもかかり重量も重くなってしまうため，超高圧送電線では，図2.19に示すような，数本の同電位の導線を一定間隔に保って使用する複導体方式が使用されたりする．

コロナ発生にともなうコロナ障害には，このような電力損失以外にも，コロナ発生によって生じたオゾン (O_3) や NO，NO_2 などによるケーブルの腐食，コロナ放電の際に発生する電磁波によって引き起こされる電波障害，可聴域でのコロナ雑音などが問題となることがある．

d. グロー放電

図2.8(a) に示すような平行電極間に電圧を印加していくと，急激に電圧が減少し電流が流れはじめると同時に放電管内の希薄な気体に発光部が現れる．これがグロー放電とよばれるもので，自続放電に至った初期の段階で起こる放電形態の1つである．グロー放電は放電電流の増加にともない，以下の4つの段階に区分できる．

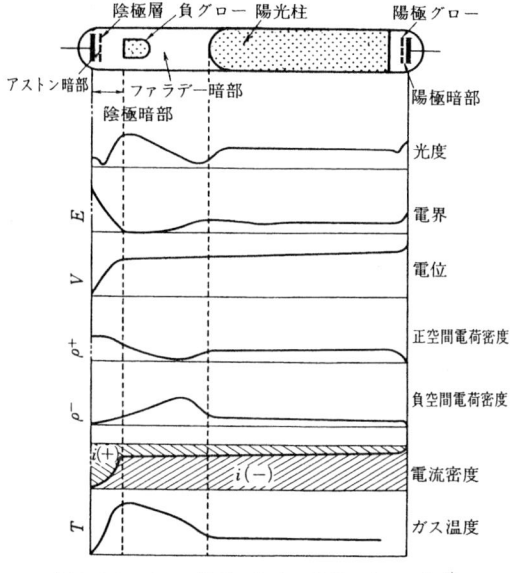

図 2.20 グロー放電における諸量の空間分布[4]

第3の発光部を形成することがある.
(3) 陰極暗部 (Cathode dark space)
電子と中性分子との衝突により,盛んに電離が起こっているが,発光は弱く暗い(励起には最適なエネルギー値が存在するため,ここでは光が弱い).クルックス暗部ともよばれる.この部分で放電電圧の大部分を占め,強い電界がかかっている.
(4) 負グロー (Cathode glow)
電界の陰極降下部の端部にあたり,電界強度はほとんど0となる.そのため電子のエネルギーが励起に最適な値となるとともに,気体の再結合も盛んに起こるため再び発光層を形成する(このとき,陰極に近いほうから励起エネルギーの大きなスペクトル線が現れる).
(5) ファラデー暗部 (Faraday dark space)
電界強度は弱く,ほとんど励起や電離が起こらない.電子は拡散により陽極側へ移動する.
(6) 陽光柱 (Positive column)

(1) 前期グロー放電

電流が増えるほど電子・イオンの拡散損失が少なくなり，放電維持電圧が下がる．電圧電流特性 (V–I 特性) は負特性になる．

(2) 正規グロー放電

前期グロー放電より電流値を増やしていくと，グロー放電の特徴の1つである負グローが陰極面上に現れ，次第に面上に拡がっていく．このとき陰極電流密度は一定で，電圧もほとんど一定である．

(3) 異常グロー放電

負グローが陰極面上に拡がり陰極全面が陰極点になっている．電流密度の増加分を陰極の2次電子量を増やすことによって維持しようとするため，陰極表面近傍での電界強度を増やそうと放電電圧は急激に上昇する．

(4) グロー・アーク移行領域

陰極が次第に加熱され，熱電子の放出を促して，V–I 特性は負特性にかわり，アーク放電に移行する．

特に，陰極部において正規グロー放電と異常グロー放電では諸特性が異なってくる．

グロー放電では陰極から発生した電子が陽極に向かって気体を電離しつつ進んでいく．そのため，電極間ではさまざまな気体励起，電離現象を起こし，またそれとともに電極間の電位構造も真空中でのものとは異なってくる．図 2.20 には電極間での種々のパラメータの分布と電極間での発光の様子を示す．

これらの放電の様子は気体圧力やガス種によっても大きく異なる．図 2.20 には圧力が 0.1〜1 Torr 時にみられる直流グロー放電の様子を示すが，以下に各部分の特徴を記す．

(1) アストン暗部 (Aston dark space)

陰極面からの放出電子が励起に必要なエネルギーになるまで高電界中を飛行する．励起も電離も起こらないため発光はない．この領域と陰極暗部にかかる強い電界によってイオンが加速され，陰極面上での γ 作用によって電子が供給されることでグロー放電が維持される．

(2) 陰極層 (陰極グロー) (Cathode glow)

1 次電子による励起発光部．励起電圧の低いスペクトル線から順に第 2，

2.2 気体放電の種類

電子はこの部分における低い電界中で多数の弾性衝突を繰り返しながらエネルギーを受け取った一部の電子により電離や励起が行われる．ほぼ中性のプラズマ状態である．

(7) 陽極グロー (Anode glow)

陽極暗部で加速された電子が陽極前面の気体分子を電離してグローを作る．

グロー放電の発光領域は，陽光柱とよばれる陽極電位近傍の発光領域が大部分を占める．陽光柱領域や負グロー領域における発光は気体のガス種によりその励起準位が異なるため，さまざまな波長の光を放出する．表 2.4 に種々のガス種での発光色を記した．

このようなグロー放電の特徴を生かしたさまざまな応用がある．以下にそれらの例を示す．

(1) 光源としての応用

ネオンランプ (負グローを利用)，ネオン管 (ネオンサインなど．陽光柱部分を利用)，ストロボ放電管など．

(2) 定電圧放電管

グロー放電の定電圧特性を利用．

(3) 真空度の測定

ガイスラー管など．気圧により放電形態が変わることを利用．

(4) その他の産業応用

表 2.4 種々のガス種でのグロー放電における発光色 [13]

気体	負グロー	陽光柱
H_2	明るい青	バラ色
O_2	うすい緑	黄色
N_2	青	赤気味の緑
He	うすい緑	白っぽい茶
Ne	だいだい	紅
Ar	深い青	深い赤
Na	白気味	黄色
K	うすい青	緑
Ca	乳緑	黄色気味の褐色
Hg	青緑白	青緑

最近，大気圧下でのグロー放電を利用した産業応用が進められている．グロー放電やコロナ放電など非熱平衡状態のプラズマでは高いエネルギー状態の荷電粒子 (電子など) が形成されやすいため，滅菌や表面処理，環境浄化 (排ガスの浄化) などに用いられはじめている．

e. アーク放電

グロー放電より放電電流を増加させていくと，電極間電圧が上昇をはじめる (グロー・アーク移行領域)．このとき，陰極前面の電界強度が増し，加速されたイオンによって激しく陰極面が加熱され電子の供給量を増やすことで電流の増加分をまかなっている．その後急激に電圧が減少しアーク放電に移行する．熱陰極などを用いることでこの放電形態の移行をスムーズに行うことができる．グロー放電に比べ電極間の導電性が非常によい放電形態をアーク放電とよぶ．

アーク放電の様子は図 2.21 のように 3 つの部分に分けることができる．

(1) 陰極降下部 (cathode sheath)

アーク放電の陰極降下電圧はグロー放電時 (約 100～400 V) に比べて非常に低く，ほぼ気体の電離電圧程度 (約 10 V) である．アークの陰極端を陰極点 (cathode spot) とよび，電流密度がきわめて高い．

アーク放電の維持はこの陰極点での熱電子放出あるいは電界放出による大量の電子放出によって行われている．この機構の違いによって温度アーク (熱電子アーク)，電界アーク (冷陰極アーク) とよばれたりする．

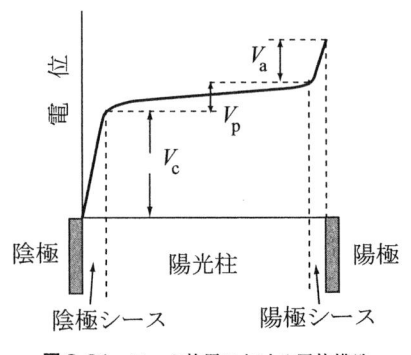

図 2.21 アーク放電における電位構造

(2) 陽光柱 (positive column)

本質的にはグロー放電と同じで，その電離は主として電子の衝突電離作用によるが，グロー放電に比べ電流密度は著しく大きいため，特に高気圧下でのアーク放電では熱平衡状態に近いと考えられている．

(3) 陽極降下部 (anode sheath)

数 V 程度の電圧降下があるが，この電圧発生はプラズマのシース形成に関係している．陽光柱部分でのイオンと電子の閉じこめ特性に差が生じた場合などは電界の向きが逆転することもある．

一般に，陽光柱長さ l の定常アーク放電の維持電圧 V は次式であらわされる．

$$V = V_c + V_a + E_a l \tag{2.27}$$

ここに，V_c は陰極降下電圧，V_a は陽極降下電圧，E_a は陽光柱電界である．

アーク放電の電圧電流特性は小電流の場合は電流上昇とともに電圧が低下する負特性を示すが，大電流ではほぼ定常電流からわずかに正特性を示す．この負特性に関しては以下の実験式が与えられている．アーク電圧 V [V]，アーク電流 I [A]，アーク長を l [mm] とすると，これらの間には下記のノッチンガム (Nottingham) の実験式が成り立つ．

$$V = a + bl + \frac{c+dl}{I^n} \tag{2.28}$$

ここで n は，陽極材料の沸点あるいは昇華温度を T [K] としたとき，$n = 2.62 \times 10^{-4} T$ であらわされる．炭素電極のとき n は約 1 となる．特に $n=1$ のときをエアトン (H. Ayrton) の式とよぶ．

$$V = a + bl + \frac{c+dl}{I} \tag{2.29}$$

この式において，電極材料を変えて測定した各係数の値を表 2.5 に示す．

アーク放電管と外部電源とをつなげたとき放電の動作点はどのように決定されるのであろうか．アーク放電の電圧電流特性が負特性を示すため，直接電源と接続すると電源の内部抵抗で決まる電流値が一気に流れてしまう．そこで放電の安定化のためにはアーク放電部と電源とに直列に安定化抵抗を挿入する必要がある．

表2.5 電極材料に対するエアトンの式の各係数[13]

電極材料	a [V]	b [V/mm]	c [V·A]	d [V·A/mm]
C	38.9	2.1	11.7	10.5
Pt	24.3	4.8	—	20.3
Ag	14.2	3.6	11.4	19.0
Cu	21.4	3.0	10.7	15.2
Ni	17.1	3.9	—	17.5
Fe	15.5	2.5	9.4	15.0

図2.22はアーク放電の電圧電流特性 (V–I特性) と，抵抗を直列に挿入した電源を用いたときに放電管の両電極に印加される電圧電流特性 ($V = E - IR$) を示す．放電の動作点にはP，Qの2点が存在するが，実際に安定な放電が維持されるのはQ点のみである．

なぜなら，図2.22のaとcの部分では，アーク電圧を維持するために必要な電圧が電極間に印加される電圧よりも高くなるため電流が減少するが，一方でbではこの関係が逆になり電流が増加する．すると，動作点P，QのうちP点ではわずかに電流がP点からずれると，P点から離れようとするため動作は不安定であり，一方で，Q点ではQ点に戻ろうとするため安定である．したがって安定な放電が維持できる動作点はQ点のみである．

アーク放電にもさまざまな応用分野がある．一例をあげると，アーク溶接，アーク溶断，アーク炉 (冶金，焼却炉)，放電加工，放電スイッチ，被膜コーティング (プラズマスプレー)，材料改質 (表面処理)，ダイヤモンド合成，宇宙推進

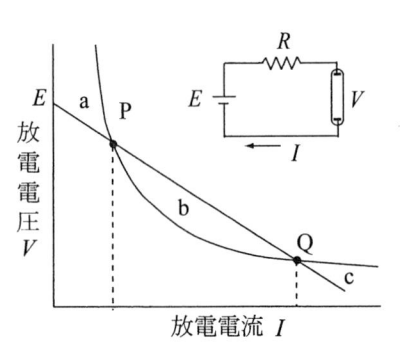

図2.22 アーク放電と安定化抵抗

機など多様な分野で応用されている．これらの応用に関しては7章で概説する．

コラム●エアトンと電気記念日

　アーク放電の式として名前が残るエアトンの式を提案したのは，イギリスの女性科学者あり，女性として初めて英国電気学会のメンバーに選ばれたハータ・エアトン (Hertha Ayrton) である．彼女の夫はウィリアム・エアトン (William Ayrton) というイギリスの物理学者で，電気工学に関する優れた研究者として1873年に明治政府の招きで来日し，工部大学校 (東京大学工学部の前身) の教授となった．6年間日本に滞在し，帰国後に彼が研究指導を行っていたハータ・エアトンと結婚している．

　夫のエアトンは，明治11年 (1878年) 3月25日に工部大学校の講堂で行われた電信中央局開業祝賀会の席で日本で初めてアーク灯を点灯した．エジソンが電球を発明する約1年前のことである．これが日本における実用的な電灯のはじまりであった．電源として電池を用いたので10数分ほどしか点灯はしなかったが，ガス灯から電気の光への転換点となったこの日を記念して，いまでは3月25日が「電気記念日」となっている．

f. 高周波放電

　ここで，直流ではなく交流電界が印加された際の放電現象についてふれておく．商用周波数程度の交流を平行平板電極間に印加した際には直流放電とほぼ同様の特徴があらわれる．もちろん電極極性が入れ替わるため，たとえばグロー放電における発光構造がきれいには観測されなくなったり，電圧が0を横切る際に放電の明滅が起きる場合もある．

　徐々に周波数が高くなるにつれ，電極間中の荷電粒子の運動に影響が現れてくる．高周波電界中の荷電粒子は電界の方向が変わるため往復運動を行うようになる．高周波電界の半周期の間に荷電粒子が移動する距離が，電極間距離よりも小さくなると電極に到達できなくなってくる．これを荷電粒子の捕捉 (trapping) 現象とよぶ．この現象が起こりはじめると火花電圧に変化が生じる．

　図2.23は電極間に印加する交流電圧の周波数を変化させた際に観測された火花電圧の変化の様子を示す．周波数を上げていくとまずイオンの捕捉現象が起こりはじめる．するとイオンの空間電荷が高くなるため，陰極におけるγ作用が促進され，火花電圧は減少する (A領域)．さらに周波数を上げると陰極に達

するイオンの数が減るためかえって火花電圧は上昇するようになる (B 領域). さらに高い周波数領域では, 今度は電子の捕捉が起こりはじめ, この捕捉電子による衝突電離作用の増加によって火花電圧は急激に減少する (C 領域).

このような周波数 f の影響が顕著にあらわれる交流電圧の周波数は, 電極間距離 d によって異なってくる. したがって交流電界では, 火花電圧はパッシェンの法則のように pd だけでは決定できず pd と fd との関数になることが知られている.

また, 高周波放電にはこのような電極板を用いた交流電界を利用する方法だけでなく, 振動する磁界を用いる方法がある. 図 2.24 はコイルを用いた高周波放電の一例を示している. このコイルに交流電流を流すことによって放電管内に磁束の変化を引き起こすと, それを打ち消す方向に電界が管内に発生し, 放電が起こる. この手法によれば電極部をまったく放電部に挿入することなく放電を行うことが出来, 陰極の損耗やスパッタリングなどによる不純物の混入をなくすことができるため, いろいろな応用研究に用いられている. また, そのほかにも磁界中の電子の動きを利用した電子サイクロトロン共鳴によるプラズマの生成法やヘリコン波を励起する生成法などがある.

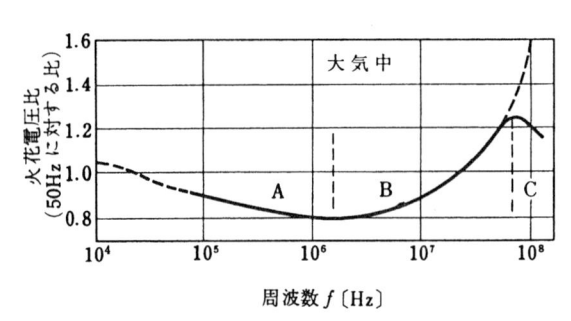

図 2.23 交流周波数と火花電圧の関係[4]

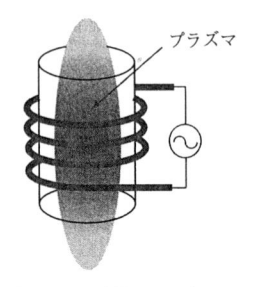

図 2.24 誘導コイルを用いた高周波放電

2.3 気体中での絶縁

a. 高真空条件での火花電圧

パッシェンの法則が示すように，2枚の平行電極間に電圧を印加し平等電界をかけたとき，火花電圧は，気圧を低下していくと徐々に低下したあと，最小火花電圧を経て，急激に増加していく．さらに高真空の領域になるともはや電極間での衝突がほとんど起こらなくなり，火花電圧は気圧に無関係となってパッシェンの法則は成り立たなくなる．

高真空下での火花放電の開始条件については電極形状，材料，処理，表面状態などによってさまざまな影響を受ける．その放電開始機構については下記のような説があるが，いまだ定まった説ではない．

- 陰極面による高電界によって電界放出した電子が陽極に衝突し，吸蔵ガスまたは金属蒸気を放出させこれをイオン化することによって火花放電を助長させる．
- 初期の電子衝突によって陽極から放出された正イオン，光子などが陰極に衝突して電子を発生させる．
- 陰極から発生した電子ビームの陰極点は，電子ビームによって局所的に加熱されるため，ますます熱電子を発生するようになる．
- 陽極に付着している薄膜などが電荷をもち陽極から離れて加速されこれが陰極に衝突して陰極面を加熱させる．

いずれにしても電極材料や表面状態が高真空条件での火花電圧に大きく影響していることがわかる．

b. 気中絶縁

では，大気などの気体中で，電極間の絶縁をとるにはどのような手法があるのだろうか．その手法としてパッシェンの法則が示すように，気体圧力を極端に下げる（真空条件に近づける）か，逆に圧力を上昇させ，高気圧の絶縁ガスを封入させることで絶縁度を上げる（火花電圧を上昇させる）手法がある．以下ではそれぞれの手法について考察を行う．

上記したように，高真空下での火花電圧は電極の表面状態によって影響を受ける．そのため高真空にして絶縁度を高めるには電極表面の状態を以下の方法によって改善することが有用である．

(1) 真空中で電極を加熱する．
(2) 熱電子流を電極に流入させる．
(3) 低ガス圧でグロー放電を行う．水素ガスなど還元性のある気体を使うと効果的である．
(4) 小電力の火花放電を繰り返し行う．

これらの方法によって絶縁度を改善することを真空化成 (vacuum treatment) とよぶ．

上記の4番目の項目として記載したように，実際の実験では過大電流が一気に流れないよう注意しつつ高電圧を印加していくと，図 2.25 に示すように火花電圧が徐々に上昇し一定の値に近づく現象がみられる．これを火花電圧の不整現象とよび，このような小電力の放電によって電極表面に吸着された水分や微少な突起を除去し火花電圧を上昇させることをコンディショニングとよぶ．

一方，パッシェンの法則によれば，気体圧力の上昇とともに火花電圧の上昇が起こる．図 2.26 は空気中における火花電圧と pd 値（気圧 × 電極間距離）との関係を示したものであるが，この図でわかるように，気体圧力が上昇してもそれに比例して火花電圧が上昇しなくなってくる．そのため，通常の気体では

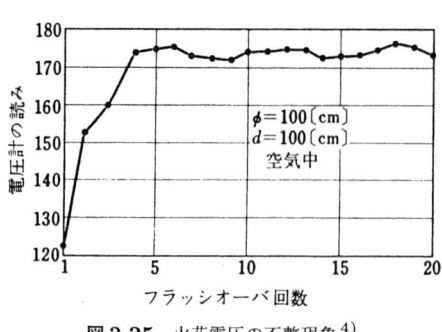

図 2.25 火花電圧の不整現象[4)]

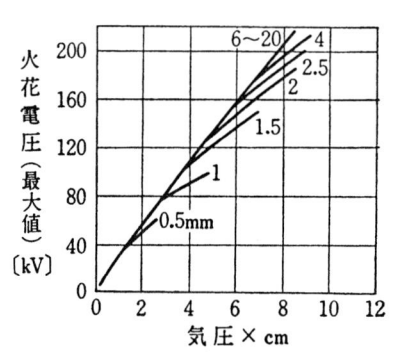

図 2.26 平等電界における火花電圧と pd 値との関係[13)]

なく，数気圧程度で絶縁度の改善が見込まれる絶縁ガスを使用することが多い．絶縁ガスとしてよく利用されてきた SF_6 ガスを使用した際の火花電圧の上昇の様子を図 2.27 に示す．また，高ガス圧時には火花電圧は電極材料によっても変化することが知られている (図 2.28)．この理由としては，陰極の電子放出 (γ 作用) や陽極へのスパッタリング率が電極材料によって異なることが影響していることが考えられるがくわしくは明らかになっていない．

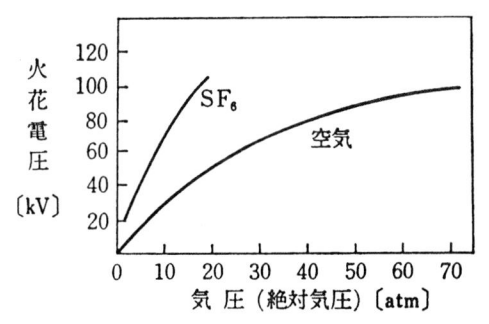

図 2.27 空気と SF_6 ガス中における平等電界での火花電圧 ($d=1\,\mathrm{mm}$)[13]

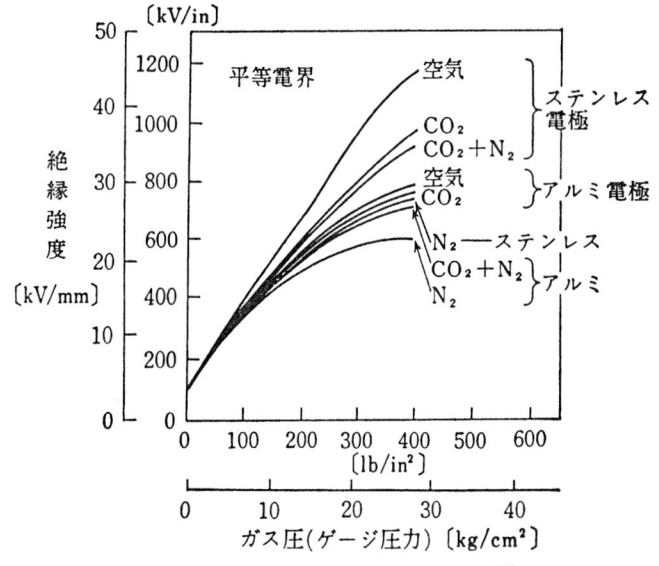

図 2.28 電極材料の違いによる絶縁耐力[13]

c. 絶縁ガス

電極間に封入する気体の種類によって圧力と放電を開始する火花電圧との関係が変化する．高気圧下で火花電圧を高める効果のある気体，つまり放電しにくい気体を絶縁ガス (insulating gas) とよぶ．

高気圧下での気体中での絶縁特性を上げるには，

(1) 電子の平均自由行程を短くし，電界から得るエネルギーが大きくならないうちに気体分子と衝突させ，衝突電離を起こりにくくする．
(2) 衝突電離などで生じた電子を気体分子に付着させ，電界により加速されにくい重い負イオンの形にさせる．

といった手法が有用である．そのため，気体圧力を上げるとともに分子量 (したがって分子半径) の大きな気体を用いて粒子の衝突頻度を上げたり，負イオンを作りやすい負性気体 (negative gas) を用いたりする．

図 2.29 は，各ガス種に対して，気体分子の平均自由行程と火花電界強度との関係について実験を行った結果を示したものである．この図より，気体中の平均自由行程の短い気体ほど火花電圧が高いことがわかる．

また，負イオンを作りやすい気体として塩素 (Cl_2) や四塩化炭素 (CCl_4) の

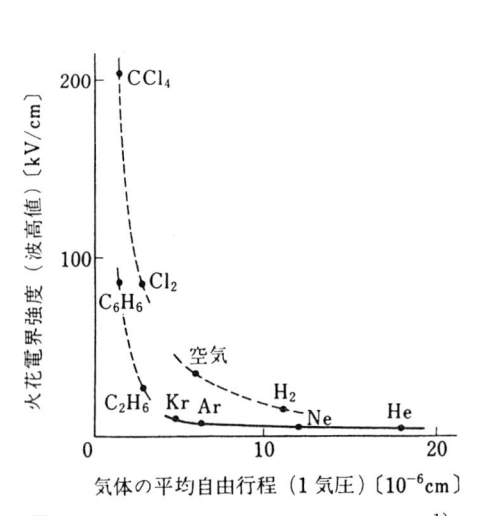

図 2.29 気体の平均自由行程と火花電圧の関係[1]

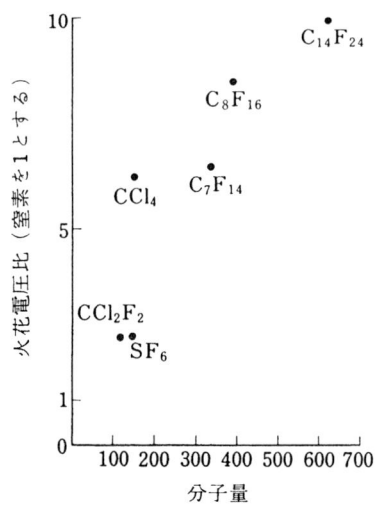

図 2.30 フロンなどの各種ハロゲン気体における火花電圧と分子量の関係[1]

ようなハロゲン元素を含む気体がある．このような負性気体の性質をもつハロゲン気体では，ほぼ同じ平均自由行程をもつベンゼン (C_6H_6) やエタン (C_2H_6) のような炭化水素に比べても火花電圧が高くなる．

図 2.30 は，各種ハロゲン気体の火花電圧を示した図である．分子量が大きいほど平均自由行程が短くなり，また負イオン生成量も多くなるため火花電圧が高くなっているのがわかる．

このような絶縁気体を実際に使用するためには，ガス特性として下記のような特性をもつことが必要とされる．

- 絶縁耐力が大きい．
- 圧力を上げても液化しない．
- 科学的に安定で不活性である．
- 無害で安価である．

このような特性をもち，実際に使用されてきた絶縁ガスの例として，フロンガスや SF_6 ガスがある．それらのガスの特性を以下に記す．

(1) フロン (F-12, CCl_2F_2)： 分子量 121 で沸点は $-29.8°C$ (1 気圧)．$0°C$ で 2.3 気圧，$20°C$ で 4.5 気圧まで圧縮可能である．絶縁耐力は空気の約 2.5 倍である．無色無臭で無毒，さらに化学的に安定なガスのため数多い用途に用いられてきたが，オゾン層破壊の原因ガスとされ，さらに温室効果ガスとして現在では使用が制限されている．

(2) 6 フッ化イオウ (SF_6)： 分子量 146 で沸点は $-62.0°C$ (1 気圧)．$0°C$ で 13 気圧，$20°C$ で 21 気圧まで圧縮可能．絶縁耐力は空気の 2.0〜2.5 倍．無臭だがこのガス中で放電が起こると独特のイオウ臭が生じる．この SF_6 ガスも最近問題となっている地球温暖化ガスとして指摘されているガス種であり，現在では使用を制限されてきている．

これらの絶縁ガスの利用が制限されてきたため，現在は乾燥窒素ガスや，これらのガスよりは地球温暖化係数の低い CO_2 ガスなどが代用されるようになってきた．

d. 不平等電界における火花電圧とガス圧特性

針電極を用いたときなどの不平等電界時ではコロナ放電が発生することがあ

るが，これを抑止するためにガス圧力を高めることが行われることが多い．この場合，ガス圧力を高めた際の不平等電界における火花電圧は相当に複雑な特性を示す．

図 2.31 および図 2.32 に，それぞれ針対針および針対平板電極時に観測される火花電圧の特性の一例を示す．このように，針対針電極時などにおける不平等電界中では気体の圧力を上げていくと火花電圧の値に極大極小値があらわれてくる．この火花電圧が急に降下する圧力を臨界ガス圧 (critical gas pressure) とよぶ．

また，針対平板電極時には針電極に印加する電圧の極性でこの特性が大きく異なってくる．正針の場合は針対針電極時とほぼ同じ特性を示すが，負針の場

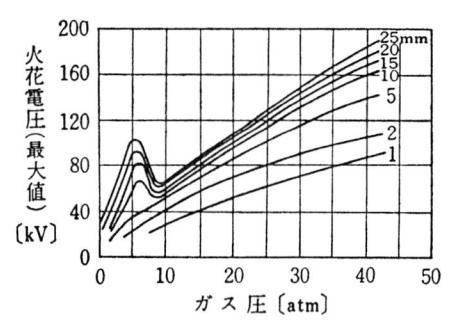

図 2.31 針対針電極における火花電圧と気圧との関係[13]

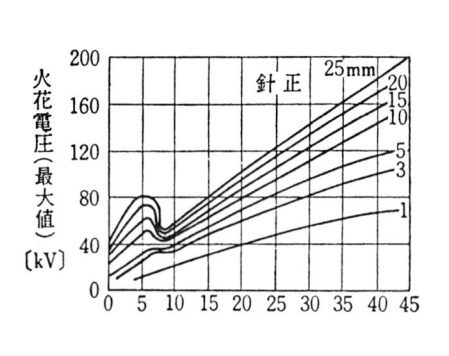

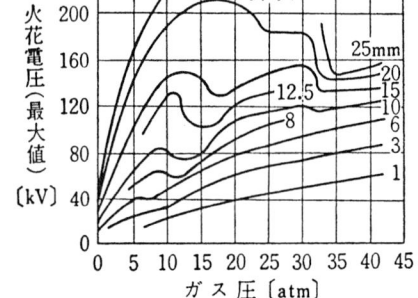

(a) 針電極が正極のとき　　(b) 針電極が負極のとき

図 2.32 針対平板電極における火花電圧と気圧との関係[13]

合は正針時に比べ火花電圧も高くなり (つまり絶縁がよくなり), 特性も複雑になる. ただし, ガス圧に対する火花電圧の変化特性に極大極小値が見られる傾向は同じである.

この極大極小値があらわれる理由は次のように考えられている. 図 2.33 は SF_6 ガス中での針対平板電極を用いた際の火花電圧とコロナ開始電圧のガス圧に対する特性を示す. 直流コロナ開始電圧は圧力とともに一様に増加しているが, 火花電圧は臨界気圧である 2 気圧で極大値をとるような極大極小特性を示す. この臨界ガス圧の領域では, 針先端近傍にコロナが発生し, 絶縁ガス中で負イオンが生成され, この空間電荷によって電界が緩和されることで火花電圧が高くなると考えることができる. 図中には瞬間的に高電圧を印加するインパルス電圧に対する火花電圧も示しているが, 直流の火花電圧よりも低い値となっている. このことは, インパルス電圧印加時には空間電荷を形成するのに十分な時間がないため火花電圧が直流時よりも低くなったと考えられる. このようにコロナが発生し負イオン生成にともなう空間電荷効果によって火花電圧が上昇する現象をコロナ安定化作用という. この現象は純粋な N_2 ガスのように負イオンを作らない気体では起こらない (図 2.34).

このように高気圧ガスによって火花放電電圧を高くし, 絶縁性能を高めることが可能であるが, 不平等電界が発生する場合には臨界ガス圧が存在し, この

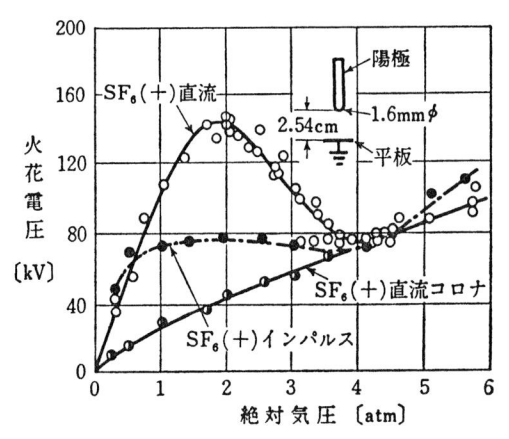

図 2.33 SF_6 ガス中での針対平板電極間の火花電圧とコロナ開始電圧 [13]

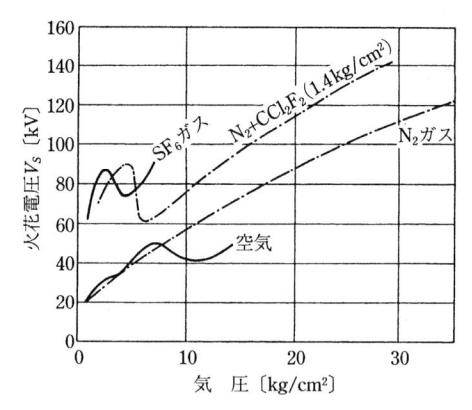

図 2.34　各種高気圧ガス中での針対平板電極間の火花電圧[4]

とき，負特性領域では気体圧力を上げるとかえって火花電圧が下がることに注意する必要がある．通常は，この極大極小特性を示す圧力より高い圧力（SF_6 ガスでは 6 気圧程度）で使用することが多い．

コラム●フロンと温暖化ガス

フロンは水素，フッ素，炭素，塩素からなる化合物であり，その組成によってクロロフルオロカーボン（CFC）ほか，ハイドロクロロフルオロカーボン（HCFC），ハイドロフルオロカーボン（HFC），フルオロカーボン（FC）などの総称である．正式にはデュポン社の商標であるフレオン（freon）という名で世界では使用されている．無色，無臭，無毒で，化学的に非常に安定なため冷蔵庫の冷媒やエアスプレーの噴霧剤，また絶縁ガスとしてさまざまな用途に用いられてきた．しかし，大気中に放出されたフロンガス（CFC）は上空で太陽からの紫外線を受け分解して塩素原子を発生させ，上空にあるオゾンを分解することが指摘され，巨大なオゾンホールが発生する原因と考えられた．そのため，CFC の製造と使用が禁止され，それに変わる代替フロンとして HCFC や HFC などが登場した．ところが今度は，これらのフロンガスは温室効果ガスとして地球温暖化に大きく影響することが指摘され，全面的に使用できなくなってきた．同様に絶縁ガスとして用いられてきた SF_6 ガスや消火剤として用いられてきたハロン（FC に臭素が加わったもの）なども温室効果係数が非常に高いため使用を制限されるようになってきた．

演 習 問 題

2.1 タウンゼントが導出した式 (2.15) を，以下の問いに答えながら導出せよ．
(1) 陰極から 1 個の電子が出て，途中で衝突電離を行ったあと，陽極に達したとき，陽極に到達した電子の個数 n_1 を α と d を用いてあらわせ．
(2) この n_1 個の電子が陽極に達したとき，電極間には (n_1-1) 個の正イオンが生じている．これらの正イオンは陰極に向かって移動し，陰極に衝突した際，γ 作用によって 2 次電子が放出され，新たに $\gamma(n_1-1)$ 個の電子が陰極から陽極に向かって出ていく．同様にして k 回目の作用で陽極に達する電子数 n_k を γ と n_1 を用いてあらわせ．
(3) 以上の結果，陽極に達する電子の総数 n_d は，

$$n_d = n_1 + n_2 + n_3 + \ldots$$

と無限等比級数としてあらわされる．これが収束するための条件と，その収束値を求め，これが上記したタウンゼントの式と一致することを示せ．

2.2 パッシェンの法則で求めた式 (2.19) において，火花電圧 V_s が最小となる pd の値と，そのときの最小火花電圧を求めよ．

2.3 内導体と外導体の半径がそれぞれ a, b の同軸導線がある (図 2.35)．この内導体表面でコロナ放電が発生しない条件式を a, b を用いて示せ．

2.4 図 2.36 に示すような 3 相 2 系統で送電されている 275 kV 送電線 (電線半径 $r = 1.43$ cm) がある．気象条件が気圧 745 mmHg，気温 30°C として，以下の問いに答えながらこの送電線のコロナ損を計算せよ．

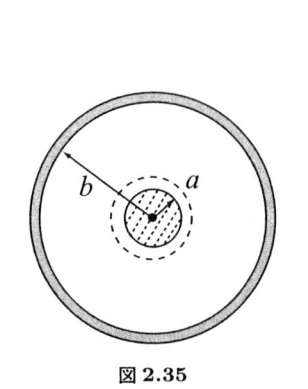

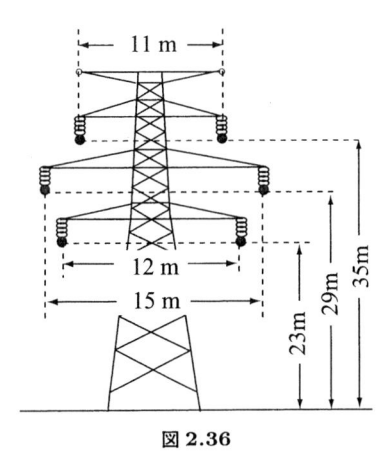

図 2.35　　　　　　図 2.36

(1) 3相送電線の平均距離 $D\,[\mathrm{m}] = \sqrt[3]{D_{12}D_{23}D_{31}}$ を求めよ．ここで，D_{ij} は各電線間の距離である．

(2) 相対空気密度 δ を式 (2.21) に従って求めよ．

(3) 式 (2.25) のコロナ臨界電圧 V_c を求めよ．ここで，表面粗さ係数 $m_0 = 0.8$，天候係数 m_1 (晴れ=1，雨=0.8) とし，晴天時と雨天時の V_c をそれぞれ求めよ．さらに，275 kV 系の対地電圧は $V_0 = 275/\sqrt{3} = 158.8\,\mathrm{kV}$ であるが，晴天時にコロナは発生するか？ また雨天時ではどうか？

(4) 式 (2.26) のピークの実験式を用い，雨天時における 1 km あたりの送電線全体のコロナ損を求めよ．ただし，3相2系統 (電線は6本) であることを考慮せよ．

3 液体・固体中の放電現象と絶縁破壊

 高電圧機器を取り扱う際には，絶縁を確保するために絶縁油やがいしなどがよく使用されている．これらの液体や固体では放電はどのようにして起こるのであろうか？

 気体と比較して，液体中や固体中では粒子運動が著しく阻害されるため電気伝導や放電機構が気体とは大きく異なってくる．気体中の放電機構によれば放電の開始は粒子（電子）が衝突間に電界によって気体原子の電離に必要なエネルギーを得て，なだれ的に電離作用が起こるためと説明されているが，液体中や固体中では粒子密度が気体に比べてはるかに大きくなり，衝突間に得たエネルギーで電離を起こすためには非常に高い電界を必要とする．一方で，液体中や固体中では内部に発生あるいは混在する気泡やほこりなどによって放電特性は大きく異なってくる．さらに，液体や固体と気体との複合体においては沿面放電など特徴的な現象も見られる．本章では液体，固体およびそれらの複合体において発生する放電に関係した諸現象について概説する．

3.1 液体中の導電と絶縁

a. 液体中の電圧・電流特性

 純粋な液体誘電体中に平行電極板を設置し，両電極間に電圧を印加し，流れる電流を測定すると図3.1のような電圧電流特性が得られる．

(a) 低電圧領域はイオン的導電領域であり，電流はほぼ電圧に比例して増加する．この間の電流値は液中にわずかに存在するイオンの移動度によって決まる．純粋な液体誘電体といっても，極微量の不純物がイオン化する可能性や自然放射線の影響などでわずかに電荷をもった粒子が電極近傍で発生している．導電率は市販の絶縁油で $10^{-10} \sim 10^{-12}$ ℧/cm 程度

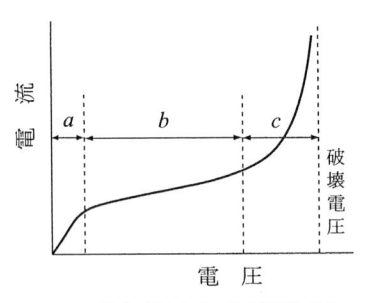

図 3.1 液体誘電体中の電圧電流特性

である．
(b) 徐々に電圧を高めていくと電流は飽和傾向になる．このとき，液体中のイオン生成の割合が一定となるため流れる電流もほぼ一定となるが，実際にはこの領域が現れない場合もある．
(c) さらに電圧を上げると電流が急激に増大し絶縁破壊（放電発生）に至る．このときの電界強度は，例えば変圧器用絶縁油で $10^4 \sim 10^5$ V/m である．

液体中でも，ある限界値以上の高電圧が印加されると，絶縁破壊が起こり放電現象が発生するが，その原因については下記の2つの理由があると考えられている．

1) 電子破壊理論
電極表面での電界放出機構により電子が発生し，これが液体分子と衝突して電離を起こす．気体と異なり，液体中では分子量も大きく衝突電離を起こすほど衝突間で電子がエネルギーを得るのはかなり困難であるが，液体中での発光などもとらえられていることから可能性としてありうると考えられている．

2) 気泡破壊理論
高電圧下ではさまざまな原因によって気泡が発生する．この気泡が成長するにともない，その中で気体放電が発生する．気泡の発生理由は，電子電流によって液体が加熱され蒸発が起こること（特に微少な突起の先端部などで発生しやすい）や，電界で加速された電子が液体分子と衝突し，解離させて気体が発生すること，あるいは電極表面で発生した気泡表面に静電荷がたまり，静電反発

作用によって液体の表面張力に打ち勝ち成長することなどが考えられている．

どちらの理論が正しいかは明確にされていないが，図 3.2 に示すように平板電極板を 2 枚平行にして，水平，垂直方向に設置した際に，絶縁耐力に差が生じることから気泡発生が絶縁破壊に大きく関与していることがわかる．

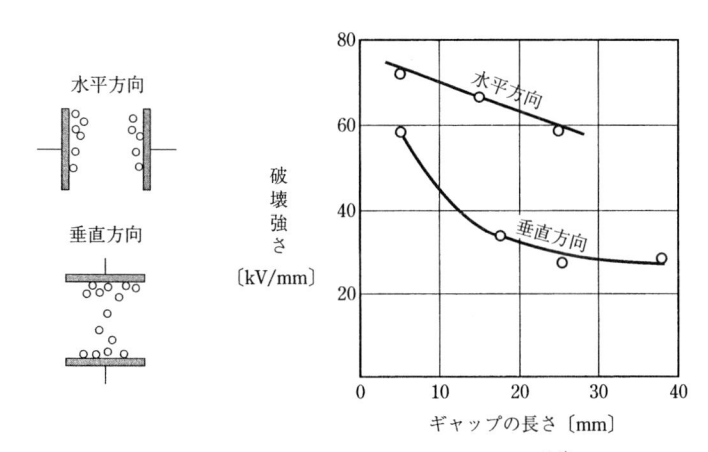

図 3.2 平板電極の対向方向に対する絶縁耐力[14)]

b. 絶縁油と不純物の影響

気体に比べ液体中では絶縁度を高く維持できる点や，固体と異なり自由に形状が変化できる点などから各種電源機器などの絶縁用として広く用いられている．

絶縁油 (insulating oil) も変圧器，遮断器，コンデンサー用などに用いられる鉱油や，合成油 (シリコン油，アルキルベンゼンなど) など種々の種類がある．鉱油 (C_nH_m) は石油を分留精製して作られるもので，絶縁耐力 (耐電圧) がよく，安価であるが，可燃性であること，酸化による劣化があることなどが欠点である．この欠点を補うためシリコン油などの合成油は難燃性絶縁油として開発されたもので現在では広く用いられている．表 3.1 におもな絶縁油の特性を示す．

絶縁油中にわずかな水分 (たとえば 10^4 cc 中に水分 1 cc) が混入すると そ

表3.1 絶縁油の諸特性[16]

絶縁油	鉱油	シリコーン油	アルキルベンゼン	ポリブデン
動粘度 [mm^2/s] (40°C)	8.0	39	8.6	103
引火点 [°C]	134	300	132	170
流動点 [°C]	−32.5	<−50	<−50	−17.5
比誘電率 (80°C)	2.18	2.53	2.18	2.15
体積抵抗率 [Ω·cm] (80°C)	3×10^{15}	$>5 \times 10^{15}$	$>5 \times 10^{15}$	$>5 \times 10^{15}$
破壊電圧 [kV] (2.5 mm)	75	65	80	65
燃焼性* [mm/s]	5.6	1.2	7.3	6.3

* JIS C 2101

の絶縁破壊電圧は大きく減少する．ただし，さらに水分が多くなってもそれ以降はあまり変化は大きくない（図3.3）．さらに油中に繊維やほこりなどの不純物が混入しここに水分が混じると，繊維などに水分が吸収され静電力によって電極面に移動し，電界方向に繊維状の物が引き延ばされ次々と橋状につながっていく現象が起こる．そのため絶縁耐力は著しく減少する．

したがって，絶縁油中の高電圧機器を取り扱う際には油中の機器を素手で触れるようなことは避けなければならない．わずかな人毛と汗とが混入し特性が著しく低下する．もちろん人体の健康上にとってもよいことではない．

また，絶縁油中に空気が溶解すると油中成分の酸化作用が起こり劣化の原因となりやすい．そのため，実際の高圧機器では内部圧力を一定に保つとともに

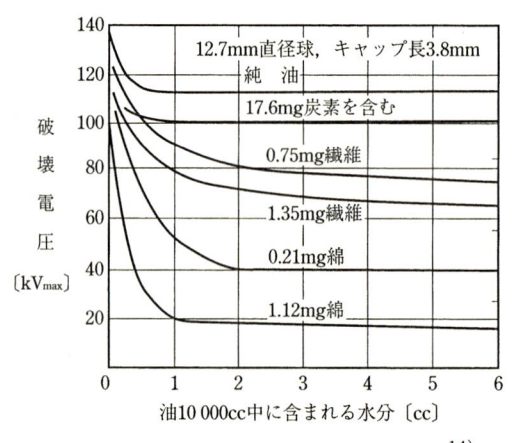

図 3.3 絶縁油の不純物が絶縁耐力に及ぼす影響[14]

外部との空気の循環を抑える器具が取り付けられていることが多い.

c. 高電圧印加にともなう流体流動現象

液体誘電体中に電界が発生すると,その中で液体の流動現象が起こることが知られている.電界が印加された際に流体内要素に働く力 F は,

$$F = qE - \frac{1}{2}E^2\nabla\epsilon + \frac{1}{2}\nabla\left[E^2\rho\frac{\partial\epsilon}{\partial\rho}\right] \tag{3.1}$$

のようにあらわされる.ここで q は電荷密度,E は電界強度,ϵ は誘電率,ρ は流体の質量密度をあらわす.第1項は荷電粒子に働くクーロン力でありイオンドラッグ力ともよばれている.第2項は誘電率の空間的変化によって作用する力,第3項は誘電体の ϵ が密度 ρ の変化とともに変わるため,電界強度の空間的ゆがみによって生じる力をあらわしており,電気歪み力(電歪力)ともよばれている.

無極性流体の場合には比誘電率 ϵ_s と ρ との間には,クラジウス–モゾッティ (Clausius-Mossoti) の関係式

$$\epsilon_s - 1 = \frac{3C\rho}{1-C\rho} \tag{3.2}$$

が成り立つ.ここで C は定数である.これより $\epsilon = \epsilon_s\epsilon_0$ は ρ のみの関数であらわされ,

$$\frac{1}{\epsilon_0}\frac{\partial\epsilon}{\partial\rho} = \frac{3C}{(1-C\rho)^2} = \frac{(\epsilon_s-1)(\epsilon_s+2)}{3\rho} \tag{3.3}$$

となる.したがって,式 (3.1) の第3項は,

$$\frac{1}{2}\nabla\left[E^2\rho\frac{\partial\epsilon}{\partial\rho}\right] = \frac{\epsilon_0}{6}\nabla\left[(\epsilon_s-1)(\epsilon_s+2)E^2\right] \tag{3.4}$$

のように簡単化される.

単一液体誘電体で ϵ_s が一定ならば式 (3.1) の第2項は0であり,第3項による力は電界強度の高いほうへ働く.

このような電場のみによって流体が駆動されることを電気流体力学 (EHD: electro hydro dynamics) 現象とよび,機械的な可動部のないポンプの1つと

して応用研究が進められている．

式 (3.1) 中で駆動効果の大きいのは第1項のイオンドラッグ力である．液体の材質によって正イオンあるいは負イオンが駆動力を担う．これらの液体中のイオンは電界 E のもとで力 qE を受けるが，周囲の分子との衝突によって抵抗力も受けるため，電界 E に比例した移動速度 $v_i = \mu_i E$ で移動する．このとき，流体の粘性によって周囲の分子も同方向に力を受け，流体現象が起こる．特に針電極先端では電界強度が大きくなるため，電極軸方向にジェット流が生じることもある．

また，この流動現象によって液体中の伝導電流は大きく影響され，放電破壊に至る電圧値が変化したり，絶縁度の低下を招くため注意が必要である．

d. 極低温液体での絶縁

最近は超電導技術の進展にともなって，液体ヘリウムや液体窒素など極低温液体を取り扱うことが多くなってきた．図 3.4 に示すように，これらの極低温液体の絶縁破壊特性は室温の変圧器油と同等以上の絶縁耐力をもっている．したがって，極低温液体に浸した超電導材料間では常温の絶縁油中におけるケーブル間の絶縁とほぼ同じ効果が期待できる．ただし，最近は液体ヘリウムに直

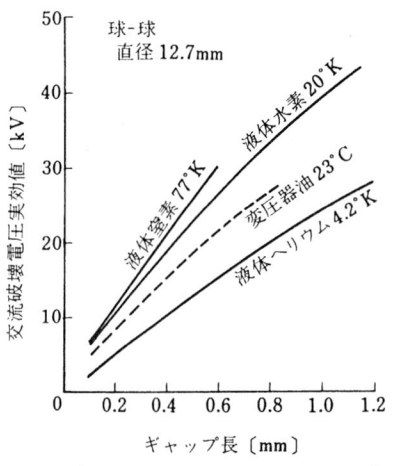

図 3.4 極低温液体中の交流破壊電圧特性[1)]

接線材を浸すのではなく，極低温のヘリウムガスを循環させ低温に保つ装置が超電導コイル用に開発されてきているが，その際にはまた特性は異なってくる．液体窒素は液体ヘリウムの2倍以上の絶縁耐力をもっているため，液体窒素温度で作動する高温超電導材を利用することは絶縁に対しても有利であろう．

コラム● PCB とダイオキシン

　高電圧機器の絶縁に欠かせない絶縁油であるが，日本では昭和40年代前半まで液体誘電体として PCB (ポリ塩化ビフェニール) が使用されていた．当時は熱安定性や電気絶縁性に優れた安定な化学製品と信じられ，多数の高圧用トランスやコンデンサ，さらには民生用の電気機器にも数多く使用されていた．

　しかし，昭和43年に九州北部で起こったカネミ油症事件 (熱媒体として使用していた PCB が食用油中に混入したことで，異常な皮膚疾患や手足のしびれなど重篤な症状を訴える患者が多数発生した事件．現在でも患者はその後遺症に苦しんでいる) を契機にその毒性が認識され，昭和47年以降 PCB の製造・使用が禁止された．現在では PCB を利用していたすべての機器類の管理が義務づけられ，廃棄処分を行う有効な手段を求めて研究が行われている．最近でも，古い小学校の校舎で使用されていた蛍光灯の中の小さな安定器に PCB が使用されていて，これが数十年の使用によって劣化し，破裂した際に PCB をまき散らしたなどという被害があった．

　PCB の中でもコプラナー PCB とよばれる物質は特に毒性が強く，ダイオキシン (PCDD) やポリ塩化ジベンゾフラン (PCDF) とともにダイオキシン類として位置づけられ，強力な毒性をもった物質として取り扱われている．純粋なダイオキシンは無色無臭で，化学的に安定しており，水にはほとんど溶けないが，脂肪には溶ける性質がある．青酸カリの1000倍以上の毒性をもち，ベトナム戦争で大量に散布された枯れ葉剤に含まれていたダイオキシンによって多数の死者や奇形の子どもが生まれるなど，その毒性は広く認識されている．現在ではゴミ焼却時に発生するダイオキシンの量を削減する対策が各地のゴミ焼却施設で行われている．

3.2 固体中の導電と絶縁

a. 固体中の電圧・電流特性

　原子間距離という点では液体と固体では大きな違いはないが，固体では結晶構造をもっていたり，あるいはガラスなどの非晶質なものや高分子状のものなどさまざまである．

固体誘電体に電圧を印加していくと図3.5のように,オームの法則に従う (a) 領域,電界とともに指数関数的に電流が増大する (b) 領域,破壊前電流が加わってさらに急激に電流が増大する (c) 領域に分けられる.固体導電特性には,液体と違って飽和領域がないのが特徴である.(a) の低電界領域での電気伝導特性は,固体中の格子欠陥の移動にもとづくイオンや空孔 (ホール) によって電流が流れる効果,あるいは非晶質の固体では不純物の熱電離に起因する導電性効果などに依存して決定される.(b) から (c) 領域に至る高電界時での電気伝導と絶縁破壊機構は,固体の伝導帯中の電子などによる電荷の移動にもとづく電子伝導と電子なだれ破壊機構や,電流にともなって発生するジュール熱で固体が熱せられ,抵抗値の減少にともなってさらに電流が増すことに起因した熱破壊機構などがある.

b. 固体中のボイドと絶縁

固体中には図3.6に示すようにボイド (void) とよばれる気泡が存在することがある.この中は気体が含まれるので絶縁破壊はこのボイドを基点として生じることが多い.そのため,固体誘電体を絶縁に利用する際には,ボイドのない物を使用する必要がある.あるいは,フィルム状の絶縁材を多層に巻くことによって,構造上ボイドの発生やこのボイドを起点としたトリーの進展が起こりにくくなり絶縁耐力が高くなることが多い.

ボイド中に放電が発生すると,放電とともにボイド内の電界が低下し,放電

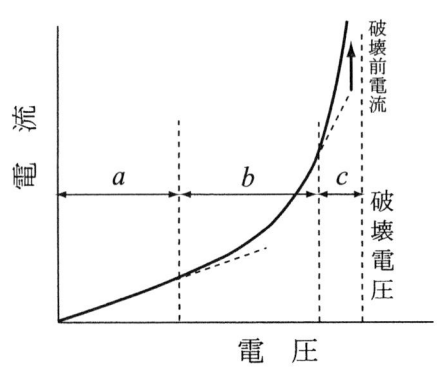

図 3.5 固体誘電体中の電圧電流特性

は消滅する．しかし再び電圧が上昇するため，放電を繰り返す現象が発生する．このようなボイド放電は，外部電圧の時間変化が大きいときに生じやすい傾向がある．

ボイド内で放電が生じると，固体絶縁体が徐々に変質し (炭化現象が起こる)，次第に固体内部が浸食され，ついには絶縁破壊に至る．このような部分放電による劣化現象は絶縁材料の寿命を大きく縮めるため，絶縁に利用する固体絶縁体中にはボイドを極力なくすよう注意しなければならない．

また，固体絶縁体中に固定用のねじ部を取り付ける際にも注意が必要である．この際，次節で述べる沿面放電が発生しやすい点と，固体内部に埋め込む金属物との間に隙間が出来やすく放電による損傷が最も起こりやすい箇所となる．

c. トリーイング

固体中に針状電極を差し込み電圧を印加すると，電極の先端から樹枝状の放電が発生する (図 3.7)．これをトリー (tree) とよび，トリーが発生する現象をトリーイング現象 (treeing) とよぶ．実際には電極表面の微少な突起，固体内の導電性の異物，ボイド放電での浸食などがトリーイングの発生源になる．

トリーは一度発生すると，少しずつ進展し，やがて全路破壊に至る．水分の多い場所に敷設したケーブルなど水と電界が同時に加わると，水の分子が固体中に電界方向に樹枝状に進入する．これを水トリーとよぶ．これと区別して前期のトリーを電気トリーともよぶ．水トリーが成長すると電気トリーの進展に

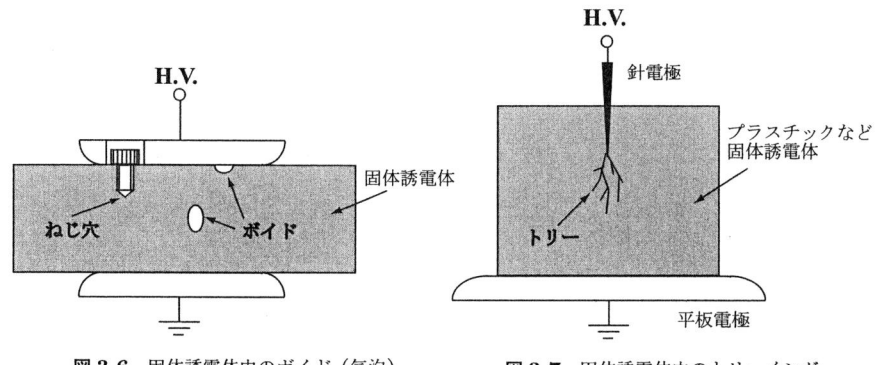

図 3.6　固体誘電体中のボイド (気泡)　　図 3.7　固体誘電体中のトリーイング

つながり，ついには絶縁破壊に至る．

3.3 沿面放電とその対策

a. 沿面放電

　気体，液体，固体の放電現象について考えてきたが，実際の絶縁を考える際にはこれらが単独で用いられることは少ない．このような材質が複数組み合わされた複合誘電体の場合，単独での放電現象とは異なった現象が現れる．特に，複合誘電体の境界面に沿って伸展する沿面放電は，状況によっては非常に容易に発生することもあり絶縁上問題となる場合が多い．

　図 3.8 は 2 つの電極間を固体誘電体で絶縁をとったものである（気体と固体との組合せの例）．固体表面と電気力線が平行な場合と垂直に近い角度で交わる場合を図示しているが，どちらの場合でも電極と固体と気体が接する三重点 (triple junction) 付近で一番電界強度が高くなり，この点を基点として放電が発生しやすくなる．

　一度この境界で放電が起こると，放電現象は固体表面に沿って伸展する．この現象を沿面放電 (surface discharge) とよぶ．この沿面放電は固体と気体を分ける境界面，つまり固体表面に対して電界がどの方向を向いているかによっ

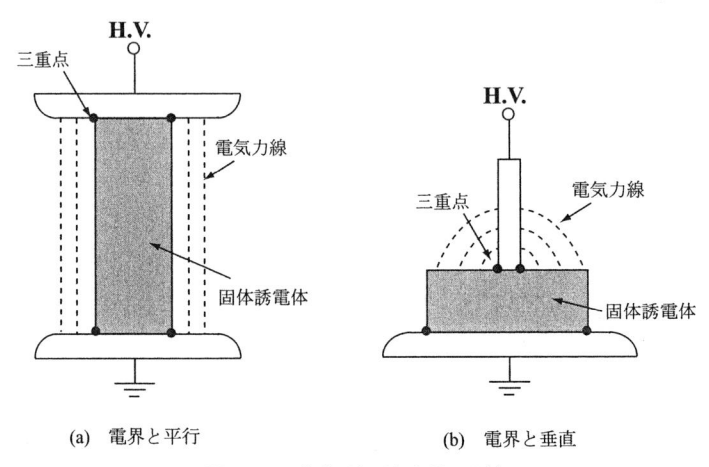

　　　　(a) 電界と平行　　　　　　　　(b) 電界と垂直

図 3.8　固体表面と電気力線の関係

て進展の度合いが異なる．図3.8(a)のような電界平行型あるいは平等電界型では壁面に沿った放電の進展が起こりにくく，一方で，図3.8(b)のように境界面に電界の垂直成分があると沿面放電は伸展しやすい．

この理由として，まず固体表面と電気力線が平行な場合には，図からもわかるように電界の強さは絶縁体の有無によって影響されることは少ないため，放電開始電圧（フラッシオーバ電圧）はあまり影響されないと考えられる．一方で，電気力線と固体表面が交わっていると，発生したイオンは固体表面に付着しやすく，壁面に沿って移動しにくいため徐々に蓄積していく．そのため絶縁物の表面に沿って放電路が進展しやすくなる．特に交流電界では沿面放電は直流電界時より進展しやすいが，これも半波で付着したイオンが次の半波で電界を強める方向に働くためではないかと考えられる．

b. フラッシオーバとトラッキング

固体表面に生じる沿面放電のうち，固体表面に変化がともなわないものをフラッシオーバ (flushover)，表面の改質あるいは破壊をともなうものをトラッキング (tracking) とよぶ．また沿面放電の開始電圧のことをフラッシオーバ電圧とよぶ．

実際に固体絶縁物として，がいしやブッシングなどが使われた場合，固体表面が塩分やほこりなどで汚染されることが多い．この場合，フラッシオーバ電圧は極端に低下することが知られている．特に発電所などは海岸近くに建設されることが多いため，このような汚染対策（塩害対策）が重要である．そのため，汚損に強い形状をしたがいしを用いたり，定期的に水などで表面洗浄を行うなどの対策がとられている．

c. 沿面放電の特性と対策

沿面放電が進展して電極間を橋絡する電圧（フラッシオーバ電圧）は，固体表面に沿った電極間の沿面距離を増してもあまり変化しないのが特徴である．つまり電極間を離して絶縁距離をとればすむという問題ではなくなる．図3.9に1例を示すが，絶縁ガス種や電極間距離を変えてもフラッシオーバ電圧はほとんど変化しない．

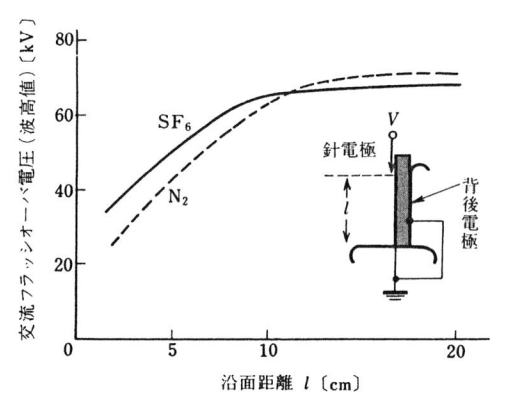

図 3.9 沿面距離とフラッシオーバ電圧[1]

また，同軸被膜ケーブルの端末処理などでは，電極と固体と気体が接する三重点が存在するため，これを基点として沿面放電が発生しやすい (図 3.10)．この時，図 3.11 に示すようにケーブルの被膜距離を増やしても沿面放電の開始電圧は距離に比例して増えなくなる．

このことから，沿面放電が一度起きるとその対策が困難であることがわかる．従って絶縁を行ううえで沿面放電を発生させないような対策を事前に施しておく必要がある．沿面放電を抑えるためには，

(1) 三重点での電界強度を軽減する．
(2) 電気力線と固体表面とを平行になるよう配置する．

ことが有用である．

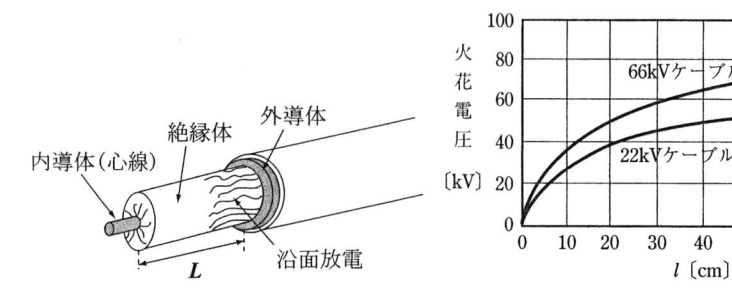

図 3.10 同軸ケーブル端末部での沿面放電

図 3.11 絶縁物の長さと沿面放電の開始電圧の関係[13]

3.3 沿面放電とその対策

三重点近傍での電界を減らす工夫としては，図 3.12 に示すように，(a) 固体表面が滑らかに電極と接するようにしたり，あるいは，(b) 固体誘電体中に電極をつきだして三重点付近の電界を弱める構造をとる方法などが行われている．

また，固体誘電体を用いて絶縁をとるには沿面距離を増加させるよりは固体表面と電界を平行にするような工夫が有効である．

そのため，高電圧ケーブルの端子部では図 3.13(a) に示すような単純な被膜線の除去だけでなく，(b) に示すような静電遮蔽電極 (コロナリング) をともなった端末処理が施されたりしている．このような形状に絶縁物を変形させ，電気力線と絶縁物表面とが平行に近い形にすることで沿面放電が起きないよう対策を行っている．

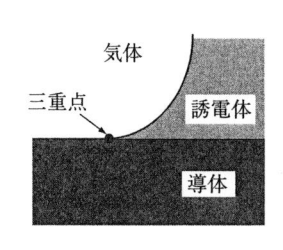

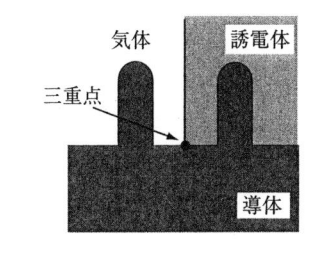

(a) 誘電体形状の工夫　　(b) 導体形状の工夫

図 3.12 三重点近傍の電界強度を減らす工夫

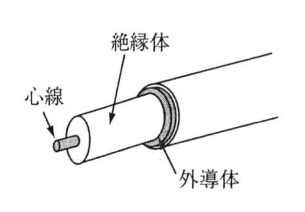

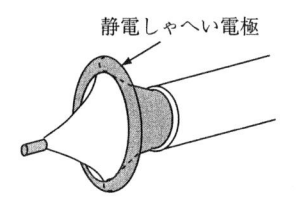

(a) 被膜線の除去　　(b) 誘電体形状とコロナリングの取付

図 3.13 同軸ケーブルの端末処理

d. クリドノグラフとリヒテンベルク図形

図 3.8(b) に示すような針電極と平板電極配置では，沿面放電が起こりやすいが，この沿面放電の進展の様子は，針状電極の極性によって異なる．図 3.14 に示すような電極配置を用いて，針電極に正負の電圧を印加して沿面放電を起こした際に観測される沿面放電の様子をリヒテンベルグ (Lichtenberg) 図形とよんでいる．図 3.15 のように，正針の場合は樹枝状によくのびているが，負針ではあまりのびない．

このような図形は，写真乾板の上で沿面放電を発生させたあと，現像を行ったり，沿面放電を起こしたあとの帯電した誘電体表面にトナーなどの粉末を振りかけると表面に発生したコロナの痕跡が観測できる．この放電図形の大きさ

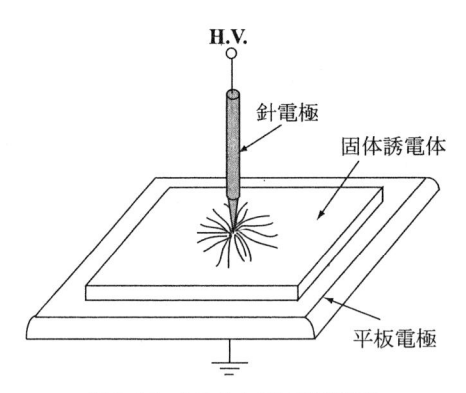

図 3.14 クリドノグラフ電極配置

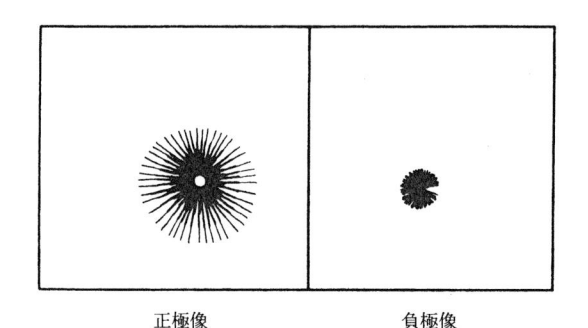

図 3.15 リヒテンベルク図形の例[4]

から印加電圧の大小を測定する図 3.14 に示すような装置をクリドノグラフとよぶ．

演 習 問 題

3.1 絶縁油にゴミなどが混入すると絶縁耐力が大きく減少してしまうため，実際の高電圧機器ではこのような絶縁耐力の低下を防ぐ工夫がなされている．これらの工夫点について考察せよ．

3.2 固体の絶縁破壊電圧 V_s と固体絶縁物の厚さ d との間には実験式 $V_s = Ad^n$ が成り立つことが知られている．ここで，A, n は実験条件や固体によって決まる定数で $n = 0.4 \sim 1$ の値をとる．

　いま，ある固体絶縁物に対して絶縁破壊電圧を測定したところ，$d = 1\,\text{mm}$ で $V_s = 50\,\text{kV}$，$d = 2\,\text{mm}$ で $V_s = 70\,\text{kV}$ であった．V_s と d との関係をあらわす実験式を求めよ．

3.3 固体中にボイドが存在するとこれを基点に部分放電が起こりやすい．その理由をボイド内に発生する電界強度などを考慮して述べよ．またボイド放電が起こる際には放電が多重回数明滅する現象が起こる．その理由を考察せよ．

4 パルス放電と雷現象

　高電圧には定常に電圧が印加される場合のほかに，たとえば機器のスイッチを切断したり投入する時など，短時間で発生し消滅する過渡的な高電圧が発生する場合がある．このような短時間で発生消滅する電圧をインパルス電圧とよぶ．このインパルス電圧は短時間における現象のため総ジュール数は小さくても非常に高い電圧が生じる場合が多く，瞬時ではあるがギガワット以上の大電力を発生させることも可能である．そこで，このような特性を利用した多くの応用研究も行われている．

　また，高電圧が関与する自然現象の代表例として雷放電があるが，これもパルス放電現象の1つであり，大気中に蓄えられた電荷によって上空と地表との間に非常に高い電圧が発生し，一気に大電流が流れる．毎年落雷によって高圧送電線路に異常電圧が発生し，停電事故が起こることもあるため，さまざまな側面から雷現象の観測や落雷発生機構の解明に向けた研究が行われている．

　本章では短時間での高電圧現象であるパルス放電と雷放電現象についてその概略を述べるとともに，あわせて避雷や安全対策に関して説明を行う．

4.1 パルス放電

a. 雷インパルスと開閉インパルス

　インパルス電圧 (impulse voltage) とは，電圧を印加したあと，短時間で電圧の最高値に達し，それよりゆるやかに減衰する単極性の電圧のことをさす．インパルス電圧には，雷撃を模擬した雷インパルス (lightning impulse) と，電力系統の開閉にともなう異常電圧 (開閉サージ) を模擬した開閉インパルス (switching impulse) とがある．

　インパルス電圧は種々の機器の絶縁評価に用いられることも多いため，規格

化された波形が定められている．代表的なインパルス電圧の時間変化を図 4.1 に示す．ここで，インパルス電圧の波形は主として

- T_1：規約波頭長
- T_2：規約波尾長
- P：波高値

の 3 つの量であらわされる．

雷インパルスでは，図 4.1(a) に示すように，波高値 P の電圧の 30％の値をとる点 A と 90％の点 B とを直線で結び，その線が時間軸と交わる点を時間軸の基準となる規約原点 O_1 と定める．この点から，直線が波高値に達する位置 C までの時間を規約波頭長とする．このような定義を行うのは，特に電圧印加直後における計測上の時間遅れやサージなど振動現象の影響を除くためである．また，規約波尾長は波高値の半分 (50％) まで減衰した点 D までの時間である．

一方で，開閉インパルスの場合は，雷インパルスに比べ，パルス電圧印加の

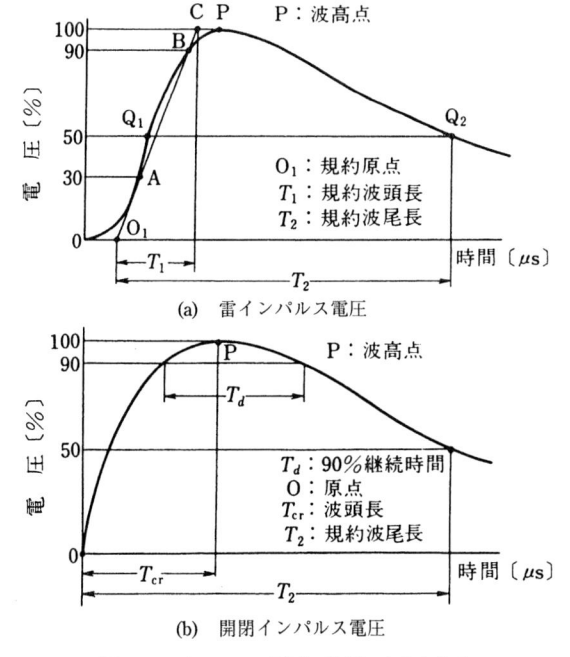

図 4.1 インパルス電圧の波形のあらわし方

時間が長いため印加直後の誤差を考慮する必要は少ない．そのため，図 4.1(b) に示すように，規約波頭長は電圧印加時から波高点 P までの時間，規約波尾長は波高値の半分に減衰した点 D までの時間として定められる．

国際基準によると，標準雷インパルスの電圧波形の波頭長 (T_1) は 1.2 μs，波尾長 (T_2) は 50 μs と定められており，$T_1/T_2 = \pm 1.2/50\,\mu$s とあらわされる．一方で，標準開閉インパルスの場合は，$T_1/T_2 = \pm 250/2500\,\mu$s である．

b. インパルス電圧による過渡現象

針電極を平板電極に対峙させ，インパルス電圧を印加した際に認められる放電の時間変化を図 4.2 に示す．

電圧印加後，まず針電極先端にフィラメント状の発光が放射状に認められる．この発光部をインパルスコロナあるいはコロナストリーマとよぶ．このコロナストリーマは非常に早く進展するが，導電率は低い．その後，コロナストリーマが密集した部分の発光輝度が高くなり強く電離していることがわかる．この部分はリーダとよばれ導電率が高い．このリーダが平板電極に到達した瞬間に主放電すなわち全路破壊が生じる．

針電極が負電圧の場合は，コロナストリーマやリーダは間欠的に発生し，階段状に進展することが多い．また，平板電極からもリーダが生じ，これと針先からのコロナストリーマに続くリーダが出会ったときに主放電が生じる．

c. フラッシオーバ率

ある気中ギャップにインパルス電圧を加えると，電圧印加時間が短いため火花開始電圧の変動が認められる．一定の電極間距離で一定のインパルス電圧を印加した際に火花放電が発生する割合をフラッシオーバ率 (放電率) という．

印加電圧の波高値を変えると，図 4.3 に示すようにフラッシオーバ率は 0% から 100% まで変化する．この値が 50% になる電圧を 50% フラッシオーバ電圧 (V_{50}) とよび，この値でインパルス電圧に対する火花電圧をあらわす．

また，この曲線は正規分布になることが多いが，これは放電の発生にはさまざまな要素が関与するため，発生の割合は確率論的に取り扱うことができることを示唆している．一般にフラッシオーバ率の標準偏差 σ は雷インパルス時で

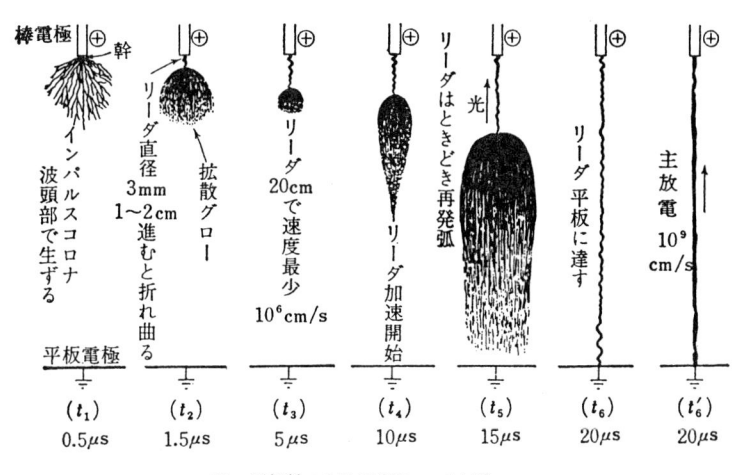

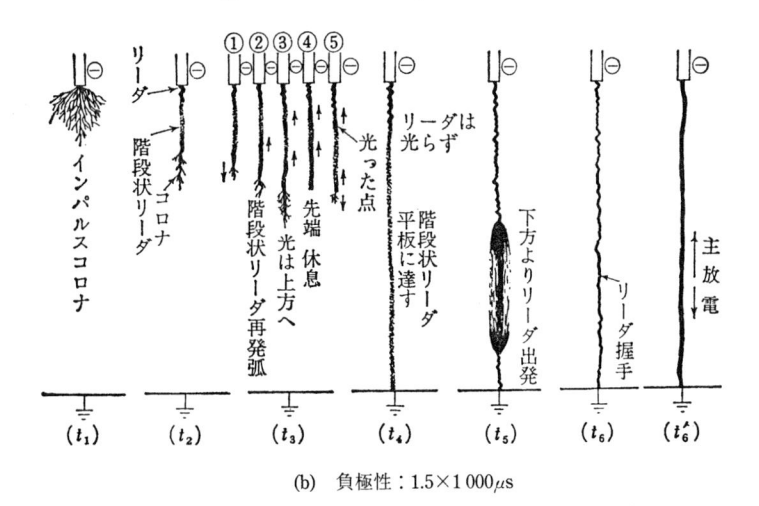

図 4.2 インパルス電圧印加時における放電の進展の様子[13]

は (V_{50}) の 2％程度，開閉インパルス時では 5％程度の値をとる．

d. V–t 曲線

インパルス電圧を印加した際，電圧印加時から火花が形成され絶縁破壊に至るにはある程度の時間が必要である．一定の電極間距離に一定のインパルス電

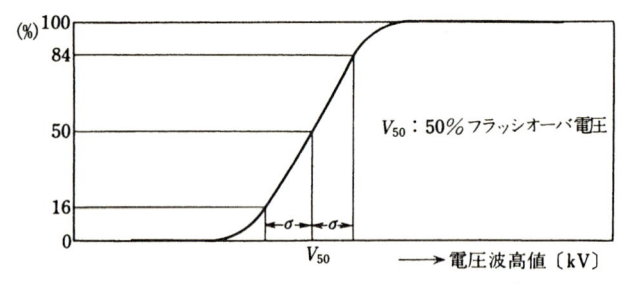

図 4.3 インパルス電圧のフラッシオーバ率[1]

圧波形を印加した際,波高値の値を変えていき,放電開始までの時間が変化する様子を図示したものを V-t 曲線とよび実用上よく用いられる.

V-t 曲線は,放電をおこした点 (フラッシオーバ点) での時間に対し,波頭部で放電した場合にはそのときの電圧を,波尾部で放電した場合は波高値の電圧をとって得られた点を結んだものである (図 4.4).

電極の形状,電極間距離,電極の極性を変えた際のパルス放電の特性を V-t 曲線から読みとることができる.図 4.5 および図 4.6 は電極形状を変えた際の雷インパルスに対する V-t 曲線である.この図より,火花開始の遅れは平等電界では著しく小さく,ギャップ長が短いと小さいことがわかる.また,針電極

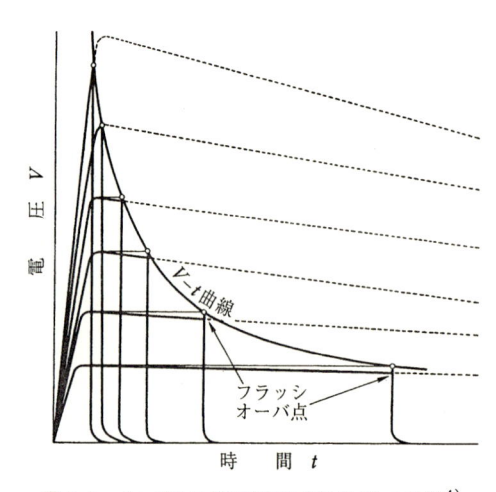

図 4.4 インパルス電圧印加における V-t 曲線[4]

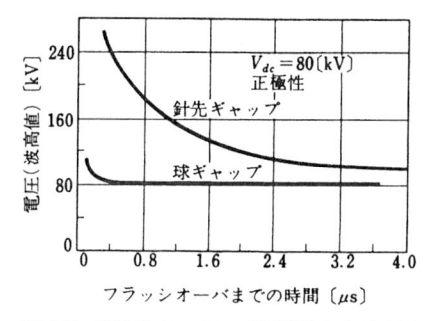

図 4.5 標準雷インパルス電圧印加における電極形状効果[4]

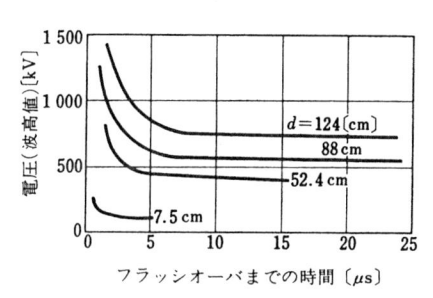

図 4.6 角棒ギャップ電極間距離を変えた際の標準雷インパルス電圧印加における V–t 曲線[4]

などでコロナの発生をともなうときには遅れ時間も大きくなる．さらに，図 4.7 に示すように，不平等電界では高電圧側電極に印加する極性により特性が異なる．

一方で，図 4.8 に示すように開閉インパルスの時の V–t 曲線は 100 μs 付近でフラッシオーバ電圧が最小値をとる．これを V 特性あるいは U 特性とよぶ．

この図の右側における電圧値の上昇は，開閉インパルスでは印加時間が比較的長いため，放電に先行して発生したリーダ放電が 100 μs 程度のあたりで最も進展しやすく，この遅れ時間領域で火花電圧が最小値を示す．これよりゆっく

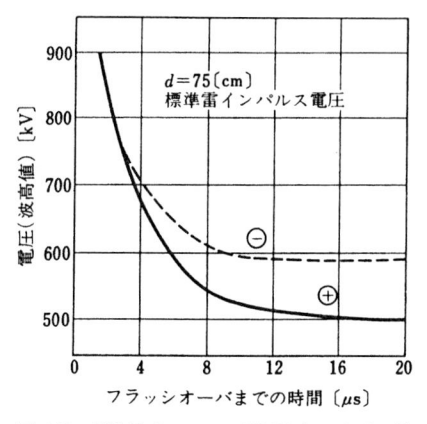

図 4.7 標準雷インパルス電圧印加における棒ギャップ電極極性効果[4]

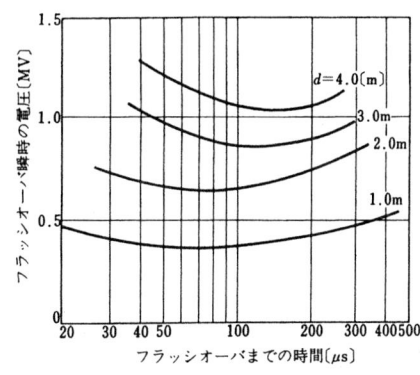

図 4.8 標準開閉インパルス電圧印加における棒対平板ギャップの V–t 曲線[4]

りとした時間でインパルス電圧が上昇すると，棒電極先端部においてコロナ放電が発生し電界強度が緩和されるため，火花開始に必要な電圧値がかえって高くなってしまうことが理由と考えられる．実際，球ギャップのような平等電界を用いた場合にはこのような特性は現れない．開閉インパルス電圧の標準波頭長を $250\,\mu s$ に定めたのも，この極小値付近で試験を行うためである．

4.2 雷 現 象

a. 雷 と 電 気

雷は古来よりさまざまな形で人間の生活に影響を及ぼしてきた．恐しい雷鳴やせん光現象は人々に畏敬の念を抱かせ，不思議なもの，神秘的なものと考えられた．この雷現象が，上空の雲に蓄えられた電荷によって大気と地表との間に発生した放電現象であるということを明らかにしたのは，アメリカの独立宣言を起草したことでも有名なフランクリン (B. Franklin) である．彼が行ったたこ揚げの実験は有名であるが非常に危険な実験であり，彼が落雷によって事故に至らなかったのは単なる偶然にすぎない．

雷の研究は，その後の長年の研究によってその発生機構や落雷時における火花放電の進展の様子などが次第に明らかになってきた．最近ではロケットやレーザ光を使った誘雷によって高圧送電線や機器への落雷を防止する試みもはじめられている．以下では雷を発生する雷雲の構造や雷放電について概説する．

コラム●避雷針とアメリカ独立

高い建物などに設置されている避雷針は，たこ揚げ実験で有名なフランクリンが上空の雷電気を低減するために発案されたものである．先のとがった金属棒を建物の一番上に設置すれば，雷雲が近づいて大気中の電界が強くなってきたときに先端からコロナ放電が生じる．この微少な放電によって対向する電荷が大気中に次々と放出されるために，避雷針を立てた建物のまわりの電界強度が低減され，雷の発生を避けることができると彼らは考えた．

そこで初期の避雷針は先端をできるだけとがらせたり，金のような高価な金属でおおったりしていた．しかし実際にはそのような低減効果はほとんど効果はなく，かえって避雷針に向かって落雷が発生する．いまでは逆に避雷針を設置し，地面との接地抵抗を小さくして雷から発生したリーダ放電が地面に近づいたときに避雷針へと方向

を変え，そこに落雷するように誘導する役割を果たす．

このように"避雷"針のはずが"誘雷"針となっているのはおもしろい．ただし，避雷針を立てたからといって落雷回数が増えることはない．いまでは高層建築物での雷に対する安全上必須の設備である．

フランクリンが活躍していた 18 世紀中頃はまだ雷は恐ろしいもの，不可思議な神の怒りであると思われていた．フランクリンらの実験と避雷針の発明によって雷を防護する方法が見つかったことで，彼の名声はアメリカだけではなく欧州にも広くひろまっていた．イギリスからの独立を主張するために，彼をともなってフランスへ赴いたアメリカ独立派の一行は，フランクリンの名声によって容易に支援を受けることに成功し，ついには独立を勝ち取ることができた．避雷針はアメリカ独立の立役者でもある．

b. 雷雲（積乱雲）の発生

雷雲の発達には，湿った空気と強い上昇気流が不可欠である．夏の時期など湿度が高く強い日射が存在すると雷雲が発達しやすくなる．強い太陽光によって地表近くでは湿度の高い空気が暖められる．そして温度の高い空気は軽くなり上昇気流が発生する．上空へ上昇するにつれ気圧が低下するため，気体の断熱膨張が起こり冷却されるが，このとき湿度が高いと，その空気中には水蒸気が多く含まれているため，これが結露し，その際に潜熱を放出する．そのためあまり温度が下がらず，そのまま空気団は上昇を続ける．さらに上空に到達し，温度が氷点以下となると，水滴は今度は氷結しはじめるが，この際にも再び潜熱を放出するのでやはりそれほど温度が低下する度合いは大きくなく，ますます上空まで到達できる．このような機構により局所的にそそり立つような巨大な積乱雲が発生し，その高度は約 1 万 m にも達することがある．これらの様子を図 4.9 に示す．

この上昇気流が発達する領域には周囲から強く空気が流れ込むため，ときにはそれが巨大な竜巻へと成長することもある．実際の雷雲構造は大変複雑であるが，上昇気流の領域と下降気流の領域とからなるセル (cell) 構造をとる．1 つのセル構造は直径数 km 程度であるが，高度は 10 km にも達する．また寿命は 1 時間弱程度である．上昇気流と下降気流によって生み出されたこのようなセル構造の形成は，ちょうど温かいみそ汁を静かにおいて観察していると，底のほうから暖かい汁とともにみその成分が持ち上がってハチの巣のような構造

図 4.9 雷雲の形成[8]

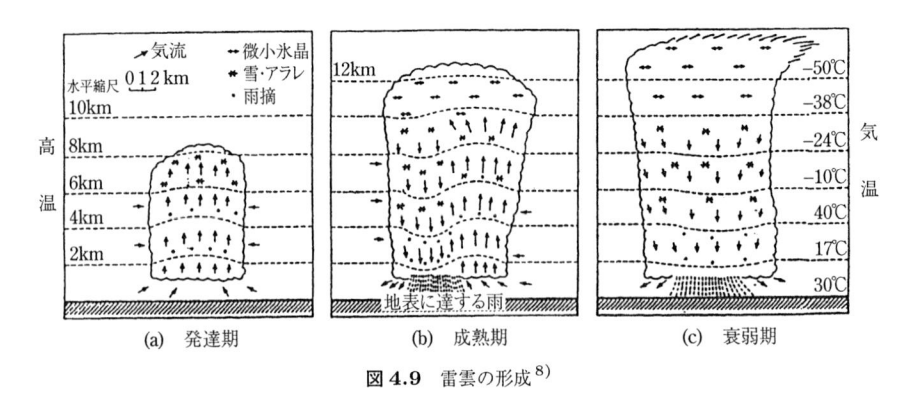

が形成される様子に似ている．このような対流現象をベナール対流 (Benard convection) とよぶ．

雷雲の発生にはこのような上昇気流の存在が不可欠であるが，上昇気流の発生理由にはさまざまな種類がある．夏の強い日射によるもの (熱雷)，山の斜面を上昇して発達するもの (山岳雷)，寒暖両気団が接する前線における上昇気流によるもの (界雷) などがある．そのほか，火山の噴火や爆発をともなった大火災などの際にも上昇気流の発生とともにほこりやチリなどによる摩擦電気の発生によって雷現象が観測されている．

雷の発生が多い地域は，国内では群馬，栃木などの関東地方，石川，福井，新潟などの北信越地方のほか，兵庫や鹿児島などでも発生回数は多い．関東地方の雷は，夏場に勢力をもってやってきた高温多湿の小笠原気団の上空に，北から寒気が流入することによって発生することが多い．一方で，北信越地方の雷は冬季雷が多いのが特徴の1つである．冬季雷は冬に日本海の暖かい海面と北からの冷たい寒気がふれあい，日本の山々にこの寒気団がぶつかることで湿った空気の上昇気流が発生し，そのため雷雲が発達する．世界的には，シンガポールやペルー，マダガスカルなど赤道直下の地域に雷が多く発生している．

c. 雷雲内部での帯電現象

雷雲中における電荷の発生はおもに氷片やあられどうしの衝突によって発生する摩擦電気が原因だと考えられている．図 4.10 は低温室内で，過冷却水滴と

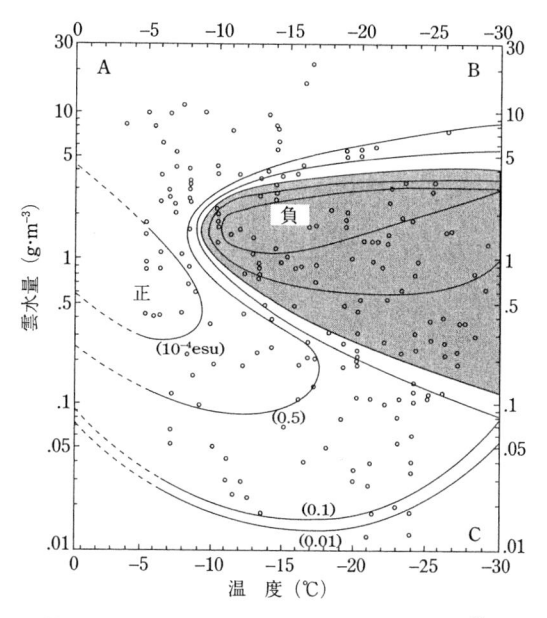

図 4.10 雷雲中の摩擦電気の極性と気温との関係[8]

氷晶とが混在した条件下で行った着氷時における帯電量を測定した例である．雷雲中の雲水量（$1\,\mathrm{m^3}$ の雲中に含まれる水と氷粒子の総重量 (g)）は $1\sim10\,\mathrm{g/m^3}$ であり，この領域ではあられを模擬した着氷球の電位が，気温 $-10°\mathrm{C}$ を境として正負に強く帯電することがわかる．

高度の高い上空では大気温度が $-10°\mathrm{C}$ 以下となり，この領域では小さな氷片と少し大きなあられとの摩擦電気により，氷片は正にあられは負に帯電する．負電荷をもった重いあられは下方に，正電荷をもった軽い氷片は上方へと移動し，雷雲の上層部では正電荷領域，中層部では負電荷領域を形成する．

一方で，低高度領域では気温が $-10°\mathrm{C}$ 以上となり摩擦による帯電の様子が変化する．今度はあられ粒子は正に，氷片は負に帯電するようになる．この結果，雷雲の中では最下層部に正電荷，中間の層に負電荷，そして一番上層部に正電荷といった三層構造となっている．このような雷雲内部の様子を図 4.11 に示す．

日本海側で確認される冬季雷では，雷雲の高度は低く北からの季節風によっ

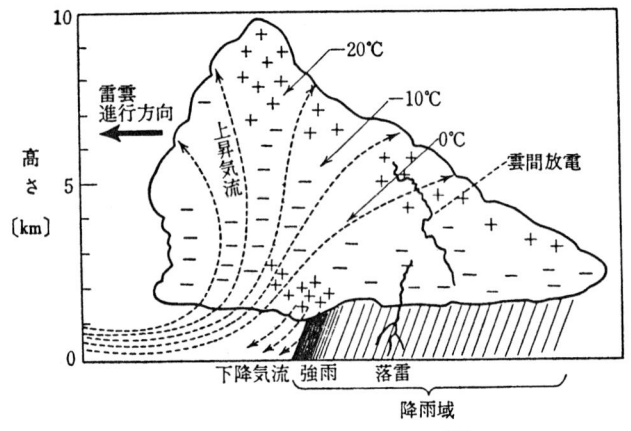

図 4.11 雷雲の構造と電荷分布[13]

て上部の正電荷領域が流され,正負両方の電荷が横並びになり,特にこの正電荷部が陸地上空に現れる場合がある.雷雲の極性を調べると夏の雷雲は負極性,冬の雷雲は正極性となっていることが多い.

d. 雷放電の特徴と進展

いわゆる落雷とよばれる雷放電の特徴をあげると以下のようになる.
(1) 放電路が長大である.
(2) 雲は完全導体ではなく,雲と地表との間に空間電荷が豊富に存在する.
(3) 空気密度が一定ではない.

このような点で,通常のギャップ放電 (火花放電) とは異なった性質をもつ.

また,大気中の火花電圧は平板電極間では約 30 kV/cm,針対平板などの不平等電界時には約 5 kV/cm 程度の値をもつが,雷放電では放電を行う大気中の電界強度はせいぜい 30~50 kV/m であり,通常の気中放電に比べると一桁以上小さい電界強度で放電現象を起こしている.しかし,雷雲と地表間の距離は約 1 km と長大であるため,その間に現れる電位差は約 1 GV (10^9 V) と非常に大きなものとなる.

雷雲から落雷が落ちる様子を高速度カメラで撮影し,観測した結果を図 4.12 に模式的に示す.負極性雷雲からは,最初階段状リーダが進展し (先駆放電),

(a) 静止カメラ像　　(b) 流しカメラ像

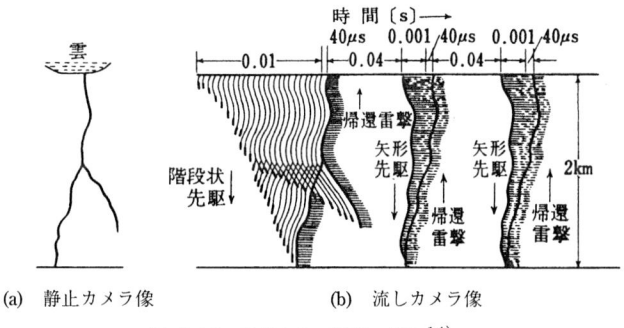

図 4.12　雷雲からの落雷の様子[14]

明滅を繰り返しながら放電路が徐々にのびていく．この際，放電路が枝分かれしたような形状をとることが多い．一方，地表からも正電極から進展するストリーマ状の放電が起こり（お迎え放電），両者が結合すると主放電路が形成される．電流は正極側の地表から雷雲に向かって大電流が流れ（帰還電撃），このとき，強いせん光と大音響を発する．この速さは 20〜140 km/ms（光速の 1/2）ともいわれている．その後，この主放電路に沿って第 2，第 3 の放電が起こる（多重雷撃）．この際には，放電路が枝分かれすることはない．

e. 雷の遮蔽と安全対策

落雷によって電力施設や建物などの損壊，また人体へ直接落雷するなど毎年多くの被害が発生している．雷の直撃を避けるために高い建物には必ず避雷針 (rightning rod) が設置され，また高圧電線の最上部には架空地線 (overhead ground wire) とよばれる接地線が電線とともに張られている．

避雷針による保護範囲はだいたい地表で保護角 $45°$ といわれている．つまり地表から見上げて $45°$ 以上の角度で上方に避雷針があれば，落雷が発生しても地表に落ちずに避雷針に落雷する．これは 1 つの避雷の目安である．実際にはリーダが発達してくる雷撃距離に依存するという考え方があり，発生する雷電流と相関があることから，実際に発生する雷の大きさによって保護距離が変わってくる．避雷には 100％安全という考え方ができない場合が多いため注意が必要である．

また，雷の直撃から送電線を守る架空地線が設けられているが，この線が防護する範囲に関しても保護角や雷撃距離といった側面から安全対策が検討され設置が行われている．実際はそれでも落雷事故が発生してしまうため，落雷時に対する電気機器の保護も必要である．

雷の直撃を受けた場合や雷雲の接近によって異常電圧が誘導された場合，そのままでは変電設備などに多くの故障が発生してしまうため，この過大な電圧を素早く大地に逃がして電気機器を保護する必要がある．そのために避雷器(arrester)という機器が送変電所に設置されている．避雷器として現在では酸化亜鉛 (ZnO) を用いた素子が使用されている．この素子の特性としてある一定電圧までは非常に高抵抗な素子として働くが，ある電圧を超えた場合にはほとんど抵抗がなくなり大電流を流すことができる性能を備えているものである．これを，保護をする機器の近くに図 4.13 のように接続して用いる．酸化亜鉛を使用した避雷器は，応答速度が早く急峻な電圧の立ち上がりにも動作遅れがない点や，多重雷撃や大電力機器の開閉時に出るサージ電圧が連続して発生した際の耐力が優れているなど優れた点が多い．

毎年，雷が多く発生する季節になると，登山中の人やゴルフをしていた人，また広場でサッカーをしていた人に雷が落ち死亡事故に至る事故が発生している．人体を雷から保護するにはどうしたらよいかという安全に関する研究は，雷インパルス発生装置を使った研究や実際の落雷事故の状況を検討することによっ

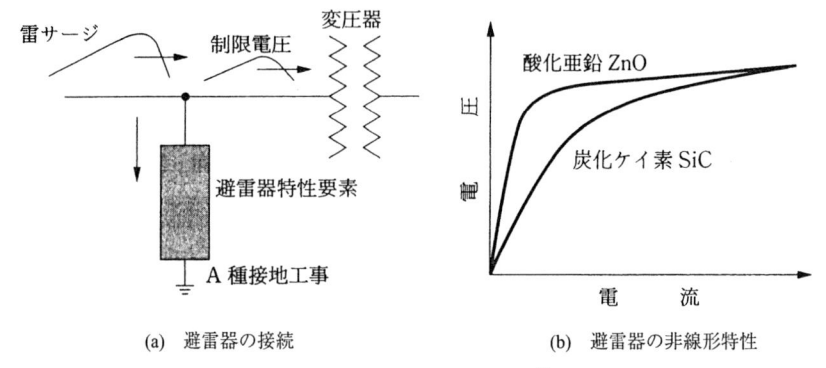

(a) 避雷器の接続　　　　　　(b) 避雷器の非線形特性

図 4.13 避雷器の特性と設置[6]

てこの20〜30年でだいぶ進められてきた．

その結果，以下のようなことがわかってきた．雷に対する心構えを得るためによく理解しておいて欲しい．

(1) 雷は一番高い地点を選択して落ちる．人体の場合は頭部であり，身長の違う人が並んでいた場合は一番背の高い人に落ちる．また，雷は雷雨をともなう場合が多いため，傘の先端部に落ちやすい．この際も柄がプラスチックなど絶縁物であっても関係はない．

(2) レインコートや長靴など直接電気は通さないものを身につけていても雷放電の絶縁には何の役にも立たない．

(3) ネックレスや貴金属などの導電体の装飾品を身につけていた場合，身につけた金属物のために雷が落ちやすくなることはない．かえって，電流は体内を流れるより表面の金属物に流れるため致命的な体内電流が減って，死亡に至らず体表面にやけどを負う程度ですむ場合がある（以前は，雷が鳴ると，身につけていた金属物はみなはずすようにという話があった）．

(4) 樹木やポール，煙突の近くは大変危険である．樹木の下は雨宿りもできるので雷雨がきた際に逃げ込みがちであるが，ひとたび樹木の先端部に落雷すると木の幹から人体に向かって側撃を受ける．これは，人体は約 $300\,\Omega$ の抵抗体と考えることができるため，立木などに比べてよい導電体として作用し，電流経路として人体内部を雷電流が流れるためである．従って木の幹からは約 $2\,\mathrm{m}$ 以上離れておく必要がある．

(5) 同様にテレビアンテナや電灯線，電話線を通じて異常電圧が建物内に侵入する場合もある．側撃を避けるためにも $1\,\mathrm{m}\times2\,\mathrm{m}$ 程度離れておくほうが安全である．

(6) 雷の直撃を受けた場合，近くにほかの人がいても死亡に至るのは直撃を受けた人だけで，ほかの人は軽微な障害を受ける程度ですむ．しかし樹木に落雷しその側撃を受ける場合は，近くにいる人の多くが死亡に至る損傷を受ける．

人体に直接落雷した場合，死亡に至るのは雷によるパルス電流がどれだけ人

体を流れたか（電流×時間）に依存する．この値が体重に対してある値を超えた場合，心停止や呼吸停止状態にいたり死亡する．また同時に意識障害，しびれ，麻痺などの症状もでる．もし落雷で倒れた人がいたら直ちに人工呼吸，心臓マッサージなどの緊急蘇生措置 (CPR) を施して病院へ搬送する必要がある．また，直撃を受けた際には人体への電流の出入り口にあたる部分や，体内および体表の一部など電流の通過経路にひどい熱傷をともなっていることが多い．これらの救命処置は落雷時だけではなく高電圧機器に誤って接触した際の感電事故の際にも重要である．

では，雷鳴がなりはじめ雷雲が近づいてきたとき，どのように対処したらよいであろうか．基本的な対応策は，高い位置に身をさらさしたり傘などを頭上に突き出さないこと，樹木からの側撃を受けない場所に移動することである．ゴルフなどをしているときに雷鳴を聞いたら，至急金属物のゴルフクラブを捨て，避雷針のある建物内に逃げ込む必要がある．近くになければその場所でひれ伏したり，樹木の保護角 ($45°$) 内の領域で幹から $2\,\mathrm{m}$ 以上離れた場所に移動することでもよい．電車や自動車の中も安全である．自動車の運転中に直撃を受けても雷電流は自動車のボディを抜け，タイヤの側面を経て地表に流れ込む．この時パンクをすることがあるため，速度を落として運転することも心がけたほうがよい．

最近では雷雲に向かってロケットを飛ばしたり，レーザー光を当てたりして誘雷を起こし，予期せぬところへの落雷事故を予防する試みも行われている．誘雷ロケットの考え方は，1971 年にアポロ 12 号の打ち上げ時に実際に起こった落雷事故からヒントを得たといわれている．ロケットの排気ガスは良導体であるが，人工誘雷ロケット実験では細いピアノ線を取り付けたものを打ち上げたりしている．

コラム●雷と電気の漢字の由来

雷という漢字は田の上に雨かんむりがついており，急激な雨が田んぼに降ってくる様子をあらわしているかのように思われる．実はこの「田」の字は丸い形がごろごろ転がっている様子をあらわしており，雷鳴の音を表現している．この雷鳴は天の神の怒りの声と恐れられ，「神鳴り」という言葉の由来となった．階段状に光る稲妻の形を表す文字は「申」という漢字であり（図 4.14），電気の「電」という文字は「雨」と「申」を組み合わせてできた漢字である．

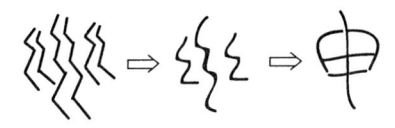

図 4.14 「申」の漢字の由来（「漢字絵とき字典」下村昇，論創社，2000 年より）

稲が実る時期に雷が多いことから，雷の光が稲を実らせると考えられ，雷光（らいこう）のことを「稲妻（いなづま）」あるいは「稲光（いなびかり）」とよぶようになった．実際，雷が発生すると大気中の巨大な放電によって窒素原子が発生し，これが稲などの農作物の成長を促すため，稲がよく育つという説もある（高電圧パルスを使った植物の促成栽培法なども試みられている）．

自然現象を崇拝する信仰からカミナリも神聖なもの，神を守るものと考えられてきた．神社の木のまわりなど神聖な場所を囲むひもに，白い紙で作られたジグザグの飾りが付いているが，これは雷の様子を示したものである．また「神」という漢字も，神聖なものをあらわす「示」に「申」がついたもので，そう考えると電気と神様は親戚ということになる．

演 習 問 題

4.1 A と B の 2 つのがいしがあり，あるインパルス電圧を各がいしに印加した．このときフラッシオーバ率がそれぞれ 60% と 20% であった．この 2 つのがいしを並列に接続して同じインパルス電圧を加えたとき，

(1) がいし A が放電を起こす割合，
(2) がいし B のみが放電を起こす割合，
(3) どちらも放電を起こさない割合をそれぞれ求めよ．

ただし，がいし A, B が両者とも放電をおこす場合はがいし A に放電が起こったと考える．

4.2 ある避雷針に落雷した際に，波高値 90 kA の雷撃電流が流れた．この避雷針の接地抵抗は 10 Ω，インダクタンス成分は 15 μH であった．また，測定された電流波形は 2 μs でほぼ直線的に立ち上がり，持続時間は 50 μs であったとして，以下の問いに答えよ．

(1) 避雷針のインダクタンス分に誘起された電圧の最大値はいくらか．
(2) 接地抵抗で消費された熱エネルギーは何 kWh か．

4.3 インパルス電圧を発生する回路として，図 4.15 に示すような LRC 回路が使用されることがある．最初コンデンサ C に電圧 V_0 が充電されている．ギャップスイッチ G が閉じたときを時間原点として，抵抗 R の両端に発生する電圧 $V(t)$ の時間変化を求めよ．

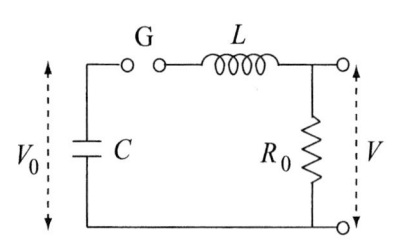

図 4.15 パルス電圧生成用 LRC 回路の例

5 高電圧の発生と計測

　高電圧の種類には低圧 (直流 750 V, 交流 600 V 以下), 高圧 (直流 750 V〜7 kV, 交流 600 V〜7 kV), 特別高圧 (直流・交流とも 7 kV を超えるもの) があり, また 187 kV〜500 kV を超高圧, 500 kV 以上を超超高圧とよんだりもする. また電圧波形についても直流以外に交流, インパルス波形などがあり, さまざまな用途に利用されている.

　これらの高電圧を発生する電源は電圧値や発生する波形に応じて数多く開発され, 各種高電圧機器の絶縁試験や, 急峻な変化をするサージ電圧が高電圧機器に及ぼす影響などを調べるために使用されている. さらに高電圧を利用した多様な応用開発にも数多く利用され研究の進展に寄与している.

　また一方で, 高電圧の計測法にも, 対象とする電圧範囲や波形の種類に応じた計測法がある. 絶縁性や浮遊容量による誤差, サージ電圧にともなう誘導ノイズなどを配慮しつつ信頼性の高い測定を行う必要がある.

　本章ではさまざまな高電圧発生機器と高電圧や大電流を計測する手法について紹介する.

5.1 交流高電圧の発生

a. 変圧器を用いた交流昇圧

　高電圧を発生させる簡便な方法は変圧器 (トランス) を用いた昇圧方法である. 単純なトランスの原理では 1 次側と 2 次側での巻数 (N_1, N_2) と電圧 (V_1, V_2) の比が等しいため, 巻線比を変えることによって商用交流電圧を昇圧することができる.

$$V_1/N_1 = V_2/N_2 \tag{5.1}$$

絶縁破壊試験を行うときなど，各種試験用に高電圧を発生させる目的で使用される変圧器を試験用変圧器とよぶ．この装置では商用の大電力用変圧器に比べて巻線比が大きく容量が小さい．この高圧発生用変圧器では1次側と2次側との絶縁を確保することが重要であり，そのための工夫も施されている．図5.1にその一例を示す．この構造では2次側(高圧側)の巻線数を徐々に減らしながら多層に巻いていくことで絶縁距離を確保している．このような変圧器で500 kVまでの交流高電圧発生用として使用されている．

また，より高い電圧を発生させるために図5.2のような多段式に縦続接続(cascade connection)させて使用することもある．各段の変圧器はその下の段の変圧器によって発生した電圧に電位が上昇しているため，接地電位に対してがいしなどを使って絶縁をとる必要がある．このような機器を用いることで数MVまでの交流高電圧を発生させることができ，また，ほかの方式と比較して容量の大きな(電力の取り出せる)高電圧電源として使用することができる．

b. 交流共振方式

交流高電圧を発生させる機器として，上記の多段式トランスのほかに直列共振を利用した交流高電圧の発生法がある．これは2次側に接続された負荷と直列に可変リアクトルを接続し，2次側に共振回路を作ってしまう方法である．

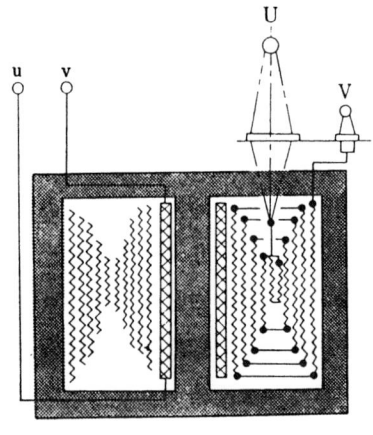

図 5.1 円筒巻線型高圧変圧器[14] 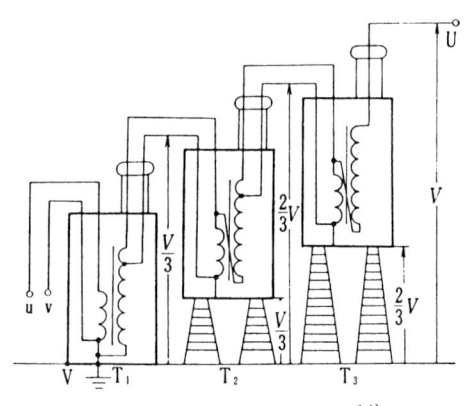　　図 5.2 縦続接続型高圧変圧器[14]

5.1 交流高電圧の発生

　一般に絶縁試験などでの高電圧負荷は電流をほとんど流さないため浮遊静電容量をもったコンデンサとして考えることができる．したがって負荷端の静電容量 C と，回路の他の部分と可変リアクトルの合成インダクタンス L とで，2次側にLC共振回路を作ることで，変圧器で発生させた以上の交流高電圧を発生させることができる．

　等価回路を示すと図5.3のようになるが，可変リアクトル値を変え負荷側の回路を共振させる．このとき動作周波数 $(f=\omega/2\pi)$ は商用周波数である．図5.3中の電圧 V_C と V_0 はそれぞれ，

$$V_\mathrm{C} = \frac{I}{j\omega C}, \quad V_0 = j\omega L I + \frac{I}{j\omega C} + IR_p \tag{5.2}$$

となる．ここで I は2次側を流れる交流電流，R_p は直列抵抗である．

　いま，2次側で共振条件 $j\omega LI + I/(j\omega C) = 0$，すなわち $\omega = 2\pi f = 1/\sqrt{LC}$ が成り立つように可変リアクトルを調整すると，

$$V_0 = IR_p, \quad V_C = \frac{I}{j\omega C} = \frac{V_0}{j\omega CR_p} = \frac{\omega L}{jR_p}V_0 = QV_0 \tag{5.3}$$

となり，2次側の変圧器出力段での電圧値 V_0 の Q 倍（実際は数10倍）の高電圧が発生可能である．この Q の値を共振の Q 値とよぶ．

　この方法の利点として，以下の点があげられる．
(1) 電源基本周波数に同調させるので発生電圧のひずみが小さい．
(2) 供試物が絶縁破壊すると C が変わるため共振がはずれ，Q 値が低下し，発生する電圧値が下がる．また同時にリアクトルにより短絡電流が制限

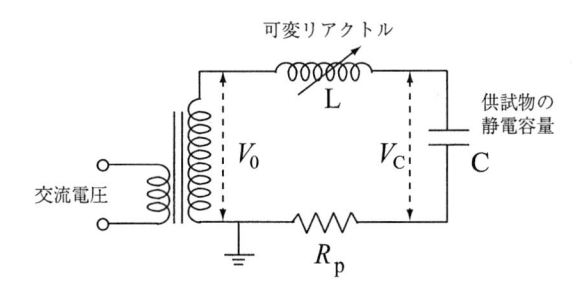

図5.3 直列共振を利用した交流高電圧の発生

されるため供試物の損傷が小さい．

一方で注意点としては，リアクトルの端子間に V_C と同程度の高電圧がかかるため絶縁に注意する必要があること，また漏れ電流や部分放電による変動が多いと共振が乱されるため，たとえば汚損した絶縁がいしなどの耐圧試験などには適さないことなどがある．

c. テスラコイル

以上のような商用周波数の交流高電圧を発生させる方法以外に，より高い周波数の交流共振を利用した高電圧発生回路としてテスラコイル (Tesla Transformer) がある．図 5.4 に回路の概略を示す．

この回路では，まずコンデンサ C_1 に充電したあとにギャップ G を使ってギャップ放電を起こし，C_1 と L_1 とで高周波の共振回路を構成する．さらに，L_1 と多層巻のコイル L_2 とで空芯トランスを構成し，大きな巻線比によってさらに電圧を高めている．このコイル L_2 の先端には金属球が取りつけられ，非常に小さな値の対地浮遊容量 C_2 とで LC 共振回路を作っている．このコイル L_2 の巻数を調整し，$L_1 C_1 = L_2 C_2$ として 2 次側でも同じ周波数での共振も発生させることで，もともとの電圧の千倍以上の高電圧を発生させることができる．よく使用される共振周波数 ($f = 1/(2\pi\sqrt{LC})$) は数 kHz から数百 kHz である．

このように，このテスラコイルでは 2 重の共振回路と変圧器を利用した高電

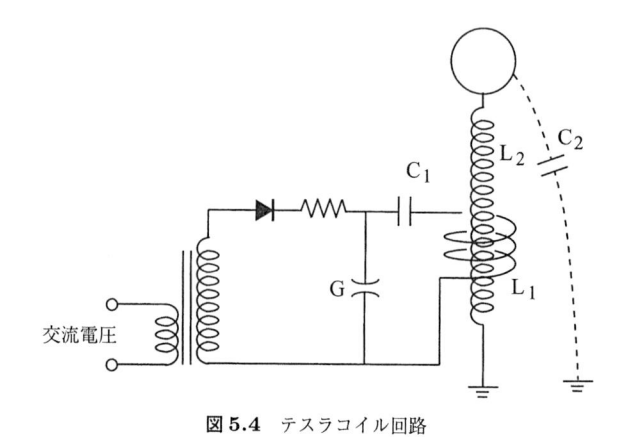

図 5.4 テスラコイル回路

圧発生器で，2次側には減衰性の高周波高電圧が発生する．

テスラコイルで発生した高周波数の交流高電圧は，高電圧出力端子に人体が接触しても体表面を高周波電流が流れるため安全性が高いことから，高電圧を利用した模擬実験に使用されることも多い．

コラム●エジソンとテスラ：直流と交流の争い

電気に関する発明王としてエジソン (T. Edison) は大変有名であるが，テスラ (N. Tesla) の名はあまり知られていない．テスラはユーゴスラビア (現在のクロアチア) からの移民としてアメリカに渡ったあと，最初エジソンの会社で働きはじめたが，当初から交流発送電のアイデアをもっており，フィラメント電球を使った直流発送電を推進しようとするエジソンの考えと対立を深めていった．テスラはエジソンのもとを去り，自ら交流発電や送電方式の有効性を世間に伝えていった．テスラコイルはテスラが発明した交流を用いた高電圧発生器である．テスラはウェスティングハウス社と共同でナイアガラの滝に水力発電所を設立し，交流送電によってシカゴ万国博覧会で 25 万個もの電灯をともすことに成功した．これを契機に交流発送電技術が世間に認められていった．

一方，エジソンは交流方式を危険な手段だと主張するため電気椅子を発明し，死刑手段として採用させたのは有名な話である．エジソンがノーベル賞をもらわなかったのはテスラがエジソンとの共同受賞をいやがったせいだとも伝えられるなど，この 2 人の怪人に関する逸話は数多い．

5.2 直流高電圧の発生

a. 整流回路を用いた直流高電圧の発生

変圧器によって高電圧の交流電圧を発生したあと，ダイオードとコンデンサを使用した整流回路によって直流の高電圧を発生させることができる．この整流回路として一般的なものに半波整流，全波整流回路がある．図 5.5, 5.6 に典型的な半波整流回路と全波整流回路をそれぞれ示す．

整流回路における各ダイオードには交流電圧の波高値の 2 倍以上の電圧がかかっても大丈夫な程度の耐圧特性が必要であり，多数個のダイオードを直列接続したもの (スタックダイオード) を用いることが多い，このとき，各ダイオー

図 5.5 半波整流回路

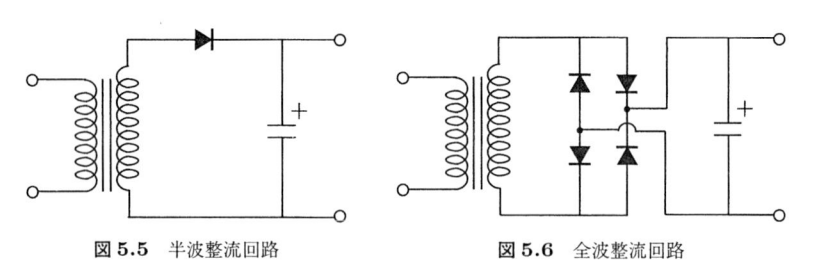

図 5.6 全波整流回路

ドに電圧が均等に分担されるよう，ダイオードと並列にコンデンサをつける．

半波整流や全波整流では変圧器の2次側電圧の波高値以上の電圧は発生できないが，ダイオードとコンデンサを組み合わせることで，2倍，3倍，さらには多段型電圧整流回路を組むことができる．

図 5.7, 5.8 にそれぞれ 2 倍と 3 倍の直流電圧発生用整流回路の例を示す．

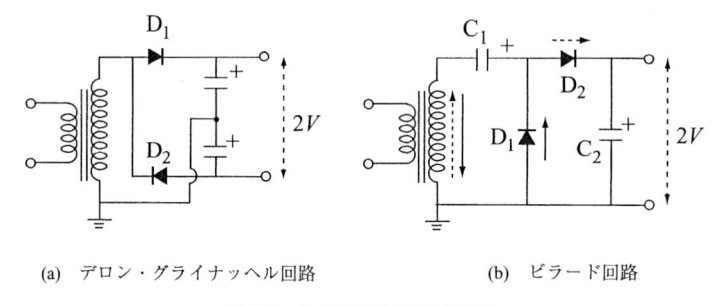

(a) デロン・グライナッヘル回路

(b) ビラード回路

図 5.7 2 倍電圧発生用整流回路

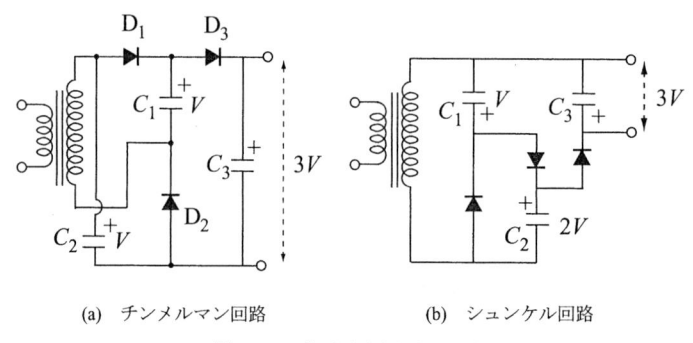

(a) チンメルマン回路

(b) シュンケル回路

図 5.8 3 倍電圧発生用整流回路

この図のビラード回路とよばれる2倍電圧発生用整流回路図の発生原理を説明すると以下のようになる．図の実線に示された方向に電圧が発生する位相では，ダイオード D_1 を通してコンデンサ C_1 が充電され，波高値近くの電圧 E が発生する．次の点線に示された方向に電圧が発生する位相では，今度は変圧器で発生した電圧 E にコンデンサ C_1 に充電された電圧 E が加わり，ダイオード D_2 を通してコンデンサ C_2 が充電され波高値の2倍の電圧 $2E$ が充電される．

b. コッククロフト–ウォルトン回路

さらに，この整流回路を多数直列に並べることによって多段型整流回路を構成することができる．図5.9に示された回路はコッククロフト–ウォルトン (Cockcroft-Walton) 回路とよばれるもので n 個のダイオードとコンデンサを組み合わせて n 倍の直流電圧を発生させる回路である．

この方式によれば，トランスやダイオード，コンデンサなどの耐電圧もさほど高くする必要はなく，実用上有利である．テレビや CRT などの高圧電源などでも利用されている．

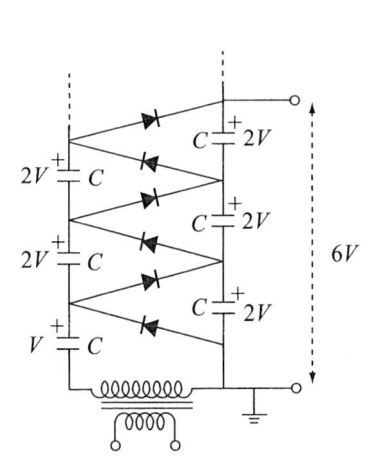

図5.9 コッククロフト–ウォルトン回路 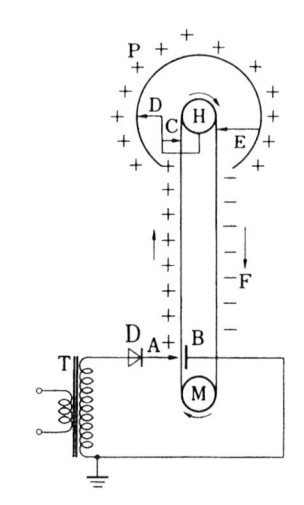　　図5.10 ヴァン・デ・グラーフ発電機[4]

c. ヴァン・デ・グラーフ発電機

以上のような交流変圧器と整流器を組み合わせた直流高電圧の発生法のほかに，静電荷を機械的な方法で高電圧の電位部に移動させ，コンデンサを充電し高電圧の発生を行う手法がある．この静電発電機をヴァン・デ・グラーフ (Van de Graaff) 発電機とよぶ．図 5.10 はこの原理を示したものであるが，接地電位と高電圧電位を結ぶ回転絶縁ベルトの表面に，針端コロナによって電荷を生じさせ，絶縁ベルト上に帯電した電荷を乗せ，上方の高電圧部に電荷を次々と蓄えるものである．

上方の球電極には蓄えられた電荷によって高電圧が発生し，電界が高電圧部と接地電位部との間に発生する．絶縁ベルトに帯電した電荷は，この電界によって働く力に打ち勝って上方に運ばれる．このとき，ベルトが行った機械的仕事は蓄えられたコンデンサの静電エネルギーと等しくなる．

上方に蓄えられた電荷密度が高くなると，より高い電圧が発生するため電界強度が強くなり，コロナによる電荷の洩れが生じる．したがって気体の絶縁耐力を上げるために装置全体を絶縁ガスなどで封入したりする．

このような静電発電機や多段整流回路を用いた高電圧発生器は 1900 年代の前半におもに粒子加速器用電源として用いられてきた．ヴァン・デ・グラーフは 10 m 近い高さの静電発電機を用いて 1 MV 以上の高電圧を利用した実験を行っている．今でもこれらの原理を応用した高電圧電源は，高電圧を利用した多様な用途に使用されている．

5.3 インパルス高電圧の発生

a. インパルス発生回路

インパルス電圧の発生用の基本回路の例を，図 5.11 に示す．コンデンサに充電された電荷をギャップスイッチ S を介して放電させ，回路定数 (C, R, L) を適当に設定することで種々のインパルス電圧波形を発生することができる．

インパルス電圧波形の波頭長，波尾長の長さを変えるためには調整できる回路定数が 2 つ以上必要である．(a) の回路では L と R_0, (b) の回路では C_0 と R_s とで波形を調整する．

5.3 インパルス高電圧の発生

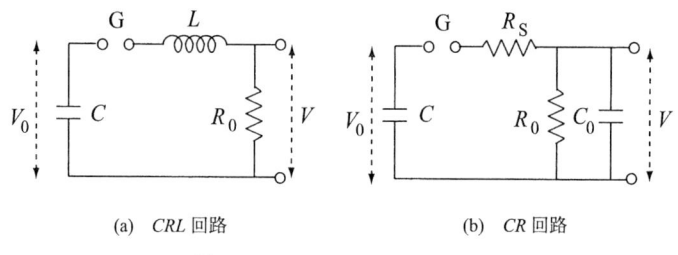

(a) CRL 回路

(b) CR 回路

図 5.11 インパルス電圧発生回路

図 5.11(a) の回路における負荷端電圧 V の時間変化は，前章の問題で与えられている．図 5.11(b) の回路において，負荷端で発生する電圧 V の時間変化を求めると，次のようになる．

(1) $[(R_0+R_s)(C+C_0)-R_sC_0]^2 > 4R_sR_0CC_0$ のとき，

$$V(t) = \frac{V_0}{C_0R_s\beta}e^{-\alpha t}\sinh(\beta t)$$

(2) $[(R_0+R_s)(C+C_0)-R_sC_0]^2 = 4R_sR_0CC_0$ のとき，

$$V(t) = \frac{V_0}{C_0R_s}te^{-\alpha t}$$

(3) $[(R_0+R_s)(C+C_0)-R_sC_0]^2 < 4R_sR_0CC_0$ のとき，

$$V(t) = \frac{V_0}{C_0R_s\omega}e^{-\alpha t}\sin(\omega t)$$

ただし，$\alpha = \dfrac{(R_0+R_s)(C+C_0)-R_sC_0}{2R_sR_0CC_0}$,

$$\beta = \frac{\sqrt{[(R_0+R_s)(C+C_0)-R_sC_0]^2-4R_sR_0CC_0}}{2R_sR_0CC_0},$$

$$\omega = \frac{\sqrt{4R_sR_0CC_0-[(R_0+R_s)(C+C_0)-R_sC_0]^2}}{2R_sR_0CC_0}$$

b. クローバ回路とギャップスイッチ

前項の (1), (2) の条件下では単極性のインパルス電圧が発生するが，立ち上がりや立ち下がりが遅れる．一方で，(3) の条件下では急峻な立ち上がりが

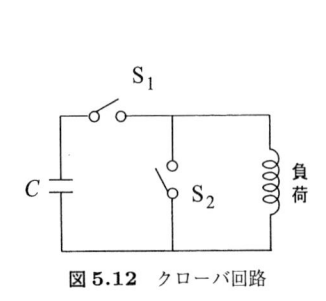

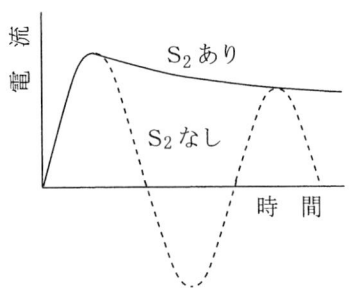

図 5.12 クローバ回路　　**図 5.13** クローバ回路動作時の電圧波形

得られる一方で振動波形となってしまう．図 5.12 はこれを改善するために新しくクローバスイッチ (crowbar switch) を設けた回路 (クローバ回路) であり，(3) の条件下で立ち上がりの早いパルス波形を作り，振動を起こす前にスイッチ S_2 を閉じることで単極性のインパルス電圧波形を得ることができる (図 5.13)．スイッチ S_2 のかわりに耐圧特性のよい半導体ダイオードを用いれば電圧反転とともに順方向電圧となり自動的にクローバスイッチとして動作する．

インパルス電圧の発生には電圧発生のタイミングを決定するギャップスイッチが大事な役目を果たすが，その構造として図 5.14 に示すようなものが用いられることが多い．この図に示すように主電極 B の中に小さな放電用のギャップ電極が組み込まれており，主電極 A，B 間に印加された高電界中で小さなギャップ放電プラズマを発生させることで AB 間の火花放電を開始させ，電流を流すものである．構造上，電流制限などがなく耐電圧性もギャップ間を調整するだけで行うことができるため簡便な方法である．ただし交流回路などで用いると電圧が反転する際に電界がなくなり放電が消え電流の明滅をともなうことがある．このとき電圧波形にノイズを発生することがあるので注意が必要である．最近では SIT サイリスタなど大電力や高耐圧特性をもった半導体素子が製作されるようになったため，これらを用いるようになってきた．

c. マルクス回路

以上のような回路では，インパルス電圧の波高値はコンデンサに充電された電圧値で制限されてしまい，実際の超高電圧のインパルス電圧発生用として用

5.3 インパルス高電圧の発生

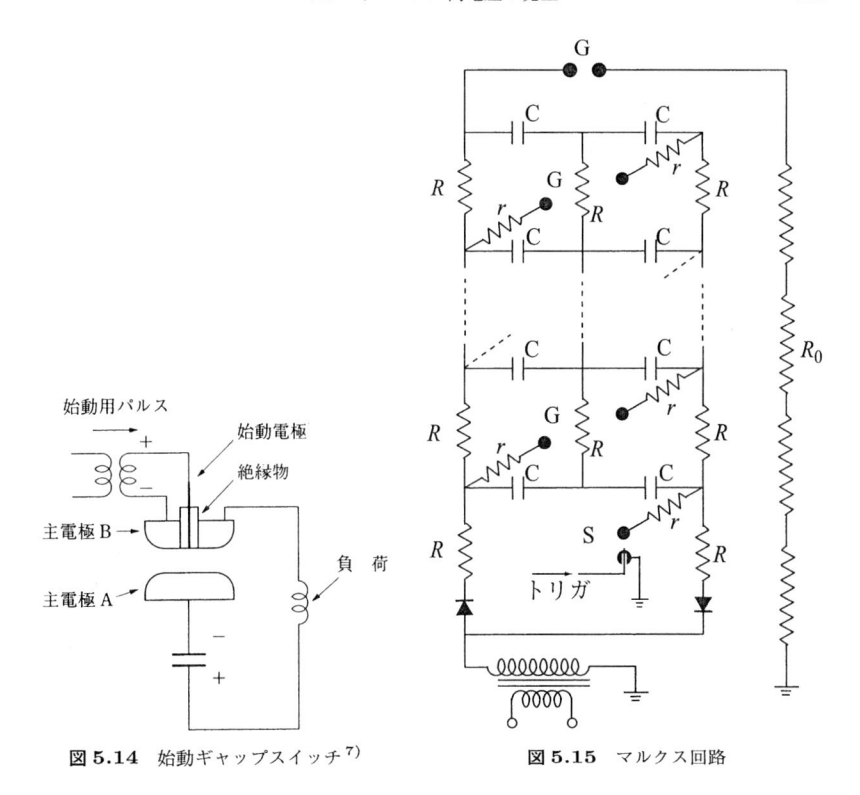

図 5.14 始動ギャップスイッチ[7]

図 5.15 マルクス回路

いることは困難である．そのため，数十万 V を越えるようなインパルス電圧の発生用として以下のマルクス回路 (Marx generator) がよく用いられている．

図 5.15 にその回路構成の概略を示す．まず充電抵抗 R を通して多段のコンデンサを並列に充電する．その後，始動ギャップ S で放電を開始するとほかの各ギャップ間にも耐電圧以上の電圧が次々と印加されてすべてのギャップがほぼ同時に導通状態となる．するとそれまで並列接続であった各コンデンサが今度は直列に接続された状態となるため，積み上げた段数だけ高電圧の電圧が発生する．

この回路を用いれば充電に要した電圧に比べ何十倍もの高電圧のインパルス電圧を発生させることが可能となる．ただし，格段の端子には接地電位や各端子間での浮遊容量をもっているため寄生振動波形が発生することがあり，これ

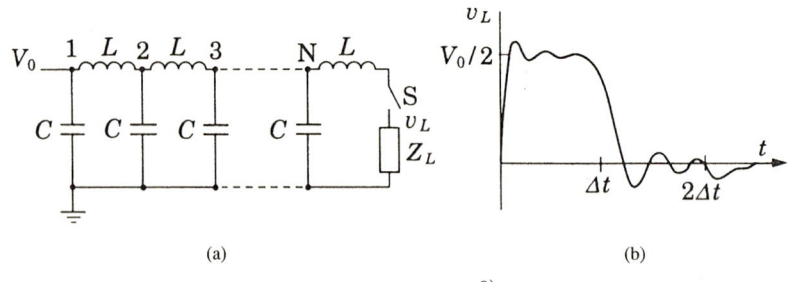

図 5.16 PFN 回路[3)]

を抑える工夫が必要である．

d. パルス成形回路

高電圧を応用する用途によっては方形波のパルス電圧が必要な場合も多い．図 5.16 に示す回路はコイルとコンデンサを組み合わせたパルス成形回路 (PFN：pulse forming network) とよばれるものであり，C と L の段数を増やすことで比較的長い方形パルス波形を得ることができる．

この回路のインピーダンスは $Z = \sqrt{L/C}$ で与えられるので，整合をとるために負荷に対して直列に抵抗 R を入れて，負荷条件に応じて調整を行う．N 段の LC 回路を用いることでパルス幅 $2N\sqrt{LC}$ の長さの方形波を得ることができる．

5.4 交流高電圧の計測

a. 球ギャップ

交流高電圧の測定法として，球や棒形状の電極ギャップ間の放電開始により交流波高値の絶対値を測定することがよく行われる．球ギャップはギャップ放電を利用した測定法の代表的な 1 つであり，図 5.17(a) に示すように 2 つの直径の等しい金属球を向き合わせた形状をしている．球ギャップのフラッシオーバ電圧が電極間隔により決定されることを利用したもので，この電極間に発生するギャップ放電開始電圧は標準試験器を用いて表として求められている．実

際に交流電圧を印加して放電開始を観測することで,交流電圧の波高値の測定を行うことができる.

球ギャップ間のフラッシオーバ電圧は,ピークの実験式として以下の式で求められている

$$V_S = 27.6\delta \left(1 + \frac{0.533}{\sqrt{\delta r}}\right) \cdot \frac{S}{f} \text{ [kV]} \tag{5.4}$$

ここで,δ は相対空気密度であり,$\delta = 1$ は標準大気状態(気圧 1013 hPa,温度 20°C,湿度 11 g/m^3 に対応する),r は球の半径 [cm],S は両球間の距離 [cm],f は S/r の関数で 1 より大きい値をとる.

球ギャップによる電圧の絶対値測定は交流だけでなく開閉インパルス程度の立ち上がりのインパルス電圧でも比較的精度よく電圧の波高値の絶対測定を行うことができる.初期の不整現象を考慮して数回の放電後に測定を行えば,電圧の測定誤差は数%以内である.

また,この球ギャップを避雷器の一種として用いることもある.図 5.17(b) に示すように負荷と並列に設置することで,規程電圧以上の電圧が負荷にかからないようにする安全装置として使用することができる.

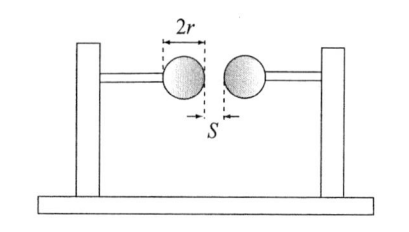

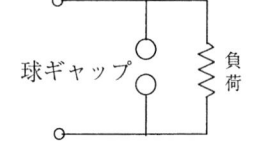

(a) 球ギャップ配置　　　(b) 球ギャップを用いた過電圧制限回路

図 5.17 水平型標準球ギャップ

b. 容量分圧器

高い電圧を抵抗分圧により電圧を低くしてその値を測定することができるが,交流では図 5.18(a) に示すようにコンデンサを用いた容量分圧によって交流電

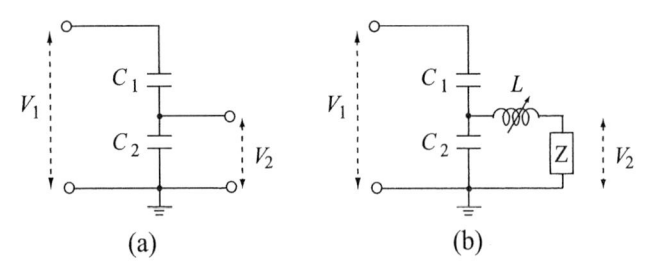

図 5.18 コンデンサを用いた分圧器

圧を測定することができる．このような分圧器を用いることで，もともとの電圧 V_1 に対し，コンデンサ C_2 に現れる電圧 V_2 は $V_2 = C_1 V_1 / (C_1 + C_2)$ となるが，通常 $C_2 \gg C_1$ の条件で測定が行われるため，$V_2 \approx (C_1/C_2)V_1$ となる．このような測定に用いられるコンデンサは高耐圧特性が優れたもので，近接した物体との間に新たな浮遊容量が発生したり温度や電圧値によって静電容量が変化しないようなものが使用される．

この方式では内部インピーダンスの大きい指示計を用いて V_2 を測定する必要がある．この点を改良したものに，図 5.18(b) に示すようなコンデンサ型計器用変圧器がある．この回路においてインピーダンス Z をもった計器部で計測される電圧を V_2 とすると，

$$\frac{V_1}{V_2} = \frac{C_1 + C_2}{C_1} + \frac{1 - \omega^2 L(C_1 + C_2)}{j\omega C_1 Z} \tag{5.5}$$

と計算される．ここで，$\omega = 2\pi f$ は交流電圧の角周波数である．

計器側に挿入したコイルのインダクタンス値 L を $\omega^2 L(C_1 + C_2) = 1$ の共振条件になるように調整すれば，計器側のインピーダンス Z に依存せず電圧を計測することができる．

c. コンデンサ充電電流計測

また，図 5.19 に示すのはコンデンサに印加された交流電圧によって生じる充電電流を直接測定する手法である．電流計 A に流れる i は $i = \dot{Q} = C\dot{V_c} = C\omega V_c \sin\omega t$ となるので，半周期間の電流の平均値 I は

$$I = \frac{1}{\Delta t} \int_0^{\Delta t} i\, dt = \frac{1}{\pi/\omega} \int_0^{\pi/\omega} C\omega V_c \sin\omega t\, dt$$
$$= (2/\pi) C\omega V_c = 4CfV_c \tag{5.6}$$

となり，交流電圧 V_c と周波数 f の積に比例する．図 5.19 のような半波整流の場合は逆方向電圧での充電電流は流れなくなるため電流の時間平均値は式 (5.6) の半分になり，$I = 2CfV_c$ で与えられる．

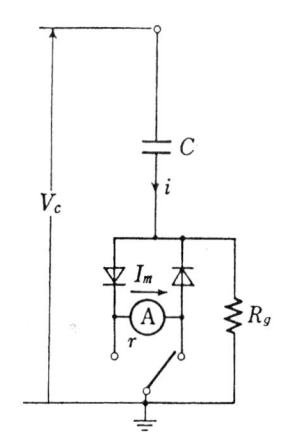

図 5.19 コンデンサ充電電流計測による電圧測定法[14]

5.5 直流高電圧の測定

a. 抵抗分圧器

抵抗器を直列に並べて分圧する抵抗分圧器は直流およびインパルス電圧などの測定に用いられる．

図 5.20(a) に示すような抵抗値 R_1，R_2（通常は $R_1 \gg R_2$）を用いた抵抗分割によって高電圧 V_1 を $V_2 = R_2 V_1/(R_1 + R_2) \approx (R_2/R_1) V_1$ のように低電圧化して測定を行う．高電圧の計測時には図 5.20(b) に示すような金属リング状のシールド電極を取り付けることが多いが，これは電界分布を平坦化しコロナの発生を抑止したり，インパルス電圧測定時の急激な電圧電流の変化による，

(a) 抵抗分圧器　　　(b) シールド抵抗分圧器

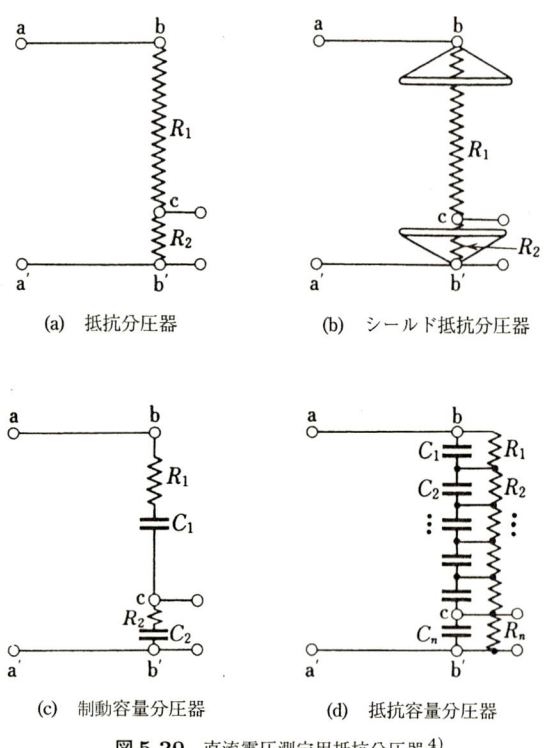

(c) 制動容量分圧器　　　(d) 抵抗容量分圧器

図 5.20 直流電圧測定用抵抗分圧器[4]

浮遊の C や L の影響を防ぐ効果があり，またフラッシオーバした際にはこのリング電極間で放電を起こしアーク発生による抵抗器の損傷を回避させる目的もある．また図 5.20(c)，(d) のように R と C を組み合わせた分圧器もよく使用される．図 5.20(c) の制動容量分圧器は容量分圧器の各コンデンサに直列に抵抗を接続し寄生電圧振動を抑止する効果がある．また図 5.20(d) の抵抗容量分圧器では同じ値の R と C を組み合わせることで，各部の時定数を合わせ，同時に分担電圧比も一定となるように工夫されている．これを用いることでほぼすべての波形の電圧変化に対して正確に分圧され測定される．

抵抗分圧器を用いた場合でも R_2 の両端電圧を測定するためには並列に計測機器を取り付けることになり，このインピーダンスが R_2 と同程度となってしまっては正確に電圧を分圧することができない (図 5.21)．そのため R_2 に対

5.5 直流高電圧の測定

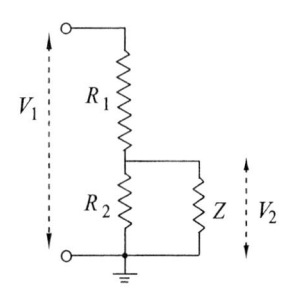

図 5.21 抵抗分圧器の等価回路

して十分高い入力インピーダンス (数～数十 MΩ) をもった測定器を接続する必要がある．またサージ電圧など時間変化の早い電圧変動を正確に測定するためにはケーブルも含めて整合をとる必要がある．図 5.22 に示すように分圧抵抗 R_2 とケーブルのインピーダンス Z，それから測定器側の入力抵抗 R_3 とが同じ値をとるように設定する (整合をとる) ことでケーブル端部での反射が起こらない．ただしこの場合，R_2 と同じ抵抗値の抵抗が並列に接続されることになるので R_3 の両端電圧で測定される電圧は R_2 のみのときの値の半分となってしまうことに注意する必要がある．

また最近では光素子技術を応用して，流れる電流値で発光強度が変化する半導体素子を利用した分圧測定回路も用いられてきている (図 5.23)．この装置を

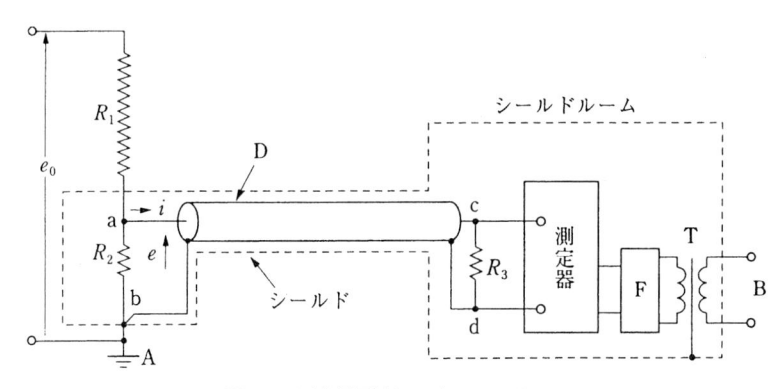

R_1, R_2：分圧器，D：測定用同軸ケーブル，$R_3 = Z$，
F：フィルタ，T：静電シールド付絶縁変圧器，B：電源

図 5.22 抵抗分圧器を使った測定例[7)]

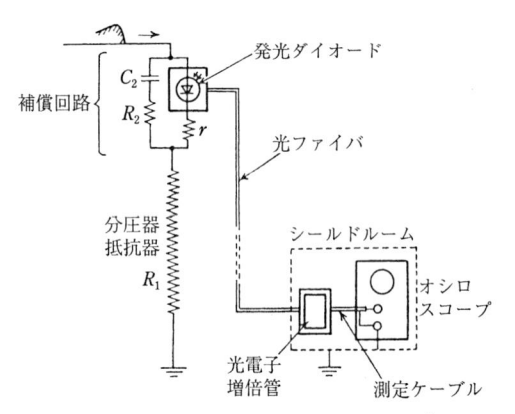

図 5.23 光計測を使った高電圧測定器[14]

用いると数 ns の応答時間が達成できるとともに，測定器と高電圧部とが完全に絶縁されノイズにも強い利点がある．

b. 回転電圧計と振動電圧計

測定したい直流高電圧にコンデンサを接続し，その静電容量を周期的に変化させ，その際の充電電流を測定することで電圧値を測定することができる．この手法を用いた計測器として回転電圧計，振動電圧計がある．図 5.24, 5.25 にそれぞれ回転電圧計，振動電圧計の構造を示す．

回転電圧計はコンデンサの一部に設置された小型の円筒形コンデンサを 2 分割し，これを回転させることで半円筒部に流れ込む充放電電流を測定する．この値がコンデンサにかかる電界強度，つまり測定したい電圧値に比例するという原理を利用している．回転計は接地電極側に取り付けられている場合や両電極からも絶縁されたものなどがある．

一方，振動電圧計では接地電極側の一部の電極板を振動させることで，ここに流入する電流値から電圧を測定する計測器である．振動部における電極間の静電容量の時間変化を $C_0 + C_1 \sin\omega t$ とすれば，振動電極板に流れ込む電流 i は $i \simeq \omega C_1 V_c \cos\omega t$ となるため，この実効値から電極間にかかる高電圧 V_c を測定できる．

5.5 直流高電圧の測定

図 5.24 回転電圧計[14]

図 5.25 振動電圧計[14]

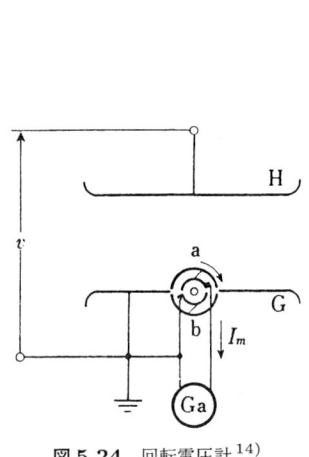

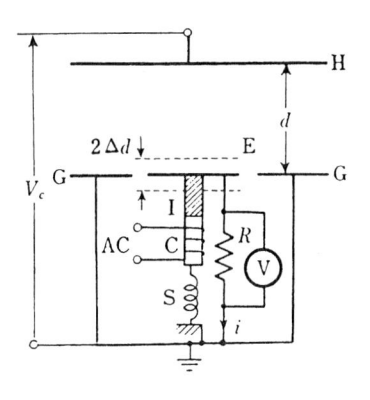

I：絶縁物　C：電磁コイル
S：つるまきばね

c. 静電電圧計

そのほかに，対向する 2 つの電極間に働く静電吸引力を利用した代表的な高電圧測定器として静電電圧計がある (図 5.26, 5.27)．いま，固定電極 (高圧側) と可動電極 (接地側) との静電容量を C とすると，このコンデンサに蓄えられるエネルギーは $U = (1/2)CV^2 = \epsilon_0 SV^2/(2d)$ となる．ここで，ϵ_0 は誘電率，S は可動部の電極板面積，d は電極間距離である．電極間に働く力 F は，$F = -\nabla U$ より

$$F = -\frac{\Delta U}{\Delta d} = \frac{\epsilon_0 SV^2}{2d^2} \tag{5.7}$$

となる．

この式からわかるように，静電電圧計は電圧値の二乗に比例した吸引力を利用するため，吸引力の平方根は電圧実効値に比例する．したがってリップルが大きい場合には注意が必要である．ただし，入力インピーダンスが非常に高く，回転電圧計や振動電圧計のように外部駆動電源も必要ないため簡易な計測法として広く用いられている．

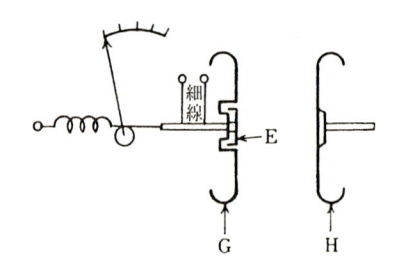

H：固定電極　G：ガードリング　E：可動電極
図 5.26　指針型静電電圧計の例[14]

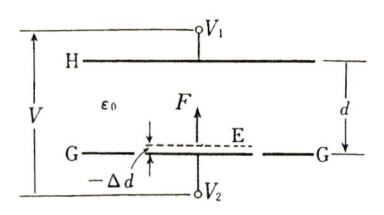

H：固定電極　G：ガード電極
E：可動電極（面積A）
図 5.27　吸引型静電電圧計[14]

5.6 電流の測定

a. 分流器による電流測定

電流測定法として，電流の流れる回路中にわずかな抵抗値をもったシャント(shunt)抵抗を挿入しその両端の電圧を測定することで流れる電流を測定する手法がある．しかし簡単なシャント構造では，ごくわずかなインダクタンス成分があっても応答時間がL/Rで決まってしまうため応答特性の悪化につながることや，インパルス電流のように急激に電流値が変化するとき，ケーブルや素子周囲に誘導起電力が生じるため電流値の正確な測定は難しくなる．また高電圧下での電流測定など絶縁をとりながら計測する技術も必要である．

このような電線のインダクタンス成分に起因する測定誤差を抑えるため，特に大電流の計測や，立ち上がり時間の早いインパルス電流の測定には，図 5.28

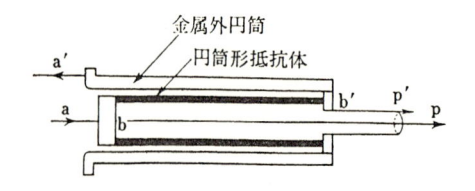

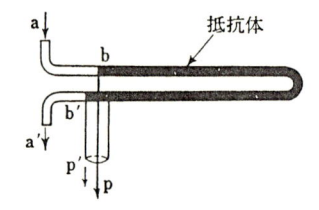

aa'：電流端子　bb'：電圧端子　pp'：オシロスコープ
(a) 同軸円筒形分流器　　　(b) 折り返し形分流器
図 5.28　同軸型シャント抵抗器[14]

に示すような折り返し型分流器や同軸円筒型分流器が用いられる．

この抵抗器では，内部導体中に流れる電流が生じる外部磁界と外部導体中に流れる電流によって生じた磁界とがたがいに打ち消し合うため，インダクタンス成分をきわめて小さくできる．

b. ロゴスキーコイル

また，ケーブルに電流が流れることによってケーブルの周囲に生じる磁束変化を直接測定することによって電流値を検出することができる．これをロゴスキーコイル (Rogowski coil) とよぶ．

図 5.29 に示すようにドーナツ状に巻かれたコイル電線を，測定したいケーブルの周囲に巻くことで，ケーブルに流す電流値の時間変化に従った磁束発生を観測し，その時間変動成分に比例して発生した電圧値を観測する．

導体に流れる電流 I によって生じる磁場は，中心から r 離れた場所では，$B(r) = \mu_0 I/(2\pi r)$ とあらわされる．この磁場によって断面積 S のロゴスキーコイル内に生じる磁束 Φ は $\Phi = BS = \mu_0 SI/(2\pi r)$ となるため，ロゴスキーコイルの出力部に発生する電圧 V は，

$$V = N\frac{d\Phi}{dt} = N\frac{\mu_0 S}{2\pi r}\frac{dI}{dt} \tag{5.8}$$

のように求められる．ここで，N はロゴスキーコイルの巻数である．この式からわかるように，電圧 V はロゴスキーコイルで囲まれた断面を横切る電線に流れる電流 I の時間変化量に比例する．ロゴスキーコイルの全長を $l = 2\pi r$ とすると，コイルの単位長さあたりの巻数は $n = N/(2\pi r)$ となるため，出力電圧 $V = \mu_0 S n \dot{I}$ となり，ロゴスキーコイルの全長にはよらず，単位長さあたりの

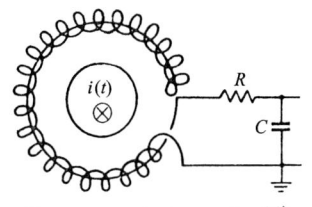

図 5.29 ロゴスキーコイル[14]

巻数 n だけに依存するようになる．さらにこの磁束変化量はロゴスキーコイルで囲まれた断面内を通過する全電流量の時間変化に比例するため，測定対象のケーブルがドーナツの中心に位置する必要もなく，自由な形状でケーブルに巻いておくことができ，大変便利である．また，形状から絶縁をとることも容易であるなど利点は多い．

ロゴスキーコイルの出力電圧は電流の時間変化量に比例するため電流値を求めるにはこれを積分する必要がある．そのため図 5.29 に示すような RC 積分器やオペアンプを用いた積分回路をつけて測定することが多い．

5.7 光学的手法を用いた測定

最近ではレーザーや光ファイバを用いた光技術が大きく発展したため，これらの工学的手法を用いた計測法も使用されてきている．そのおもな例として電界強度計測に用いられるポッケルス効果と電流値計測に用いられるファラデー回転効果を利用した例を紹介する．

a. ポッケルス効果

ポッケルス効果 (Pockels effect) とは，物質が高電界中におかれた際に分極が起こって光の屈折率が変化する電気光学効果である．レーザー光を偏光板と 1/4 波長板を通して円偏光させたあと，高電界中に設置した BOS($Bi_{12}SiO_{20}$)，$LiNbO_3$ などの結晶を通過させると，光の進行方向 (Z 方向) の電界成分によって，進行方向と垂直な方向 (X 方向と Y 方向) の屈折率が異なった変化をするため，この結晶を通過した光は楕円偏光となる．

計測装置の原理を図 5.30 に示す．透過前後の位相差は電界強度によって決まることから位相差を検出することでその場所の電界強度を測定したり，機器に印加された電圧を算出することができる．

b. ファラデー回転効果

一方，ファラデー回転効果 (Faraday rotation effect) とは磁場と平行方向に光が伝搬する際に直線偏光面が回転する現象である (図 5.31(a))．この偏光面

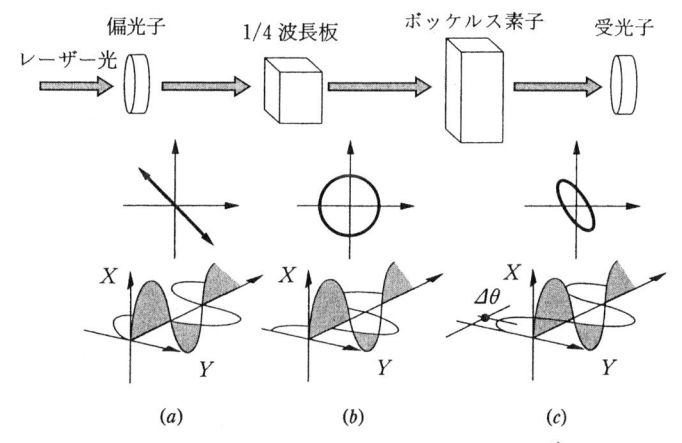

図 5.30 ポッケルス効果を利用した静電界計測法[6]

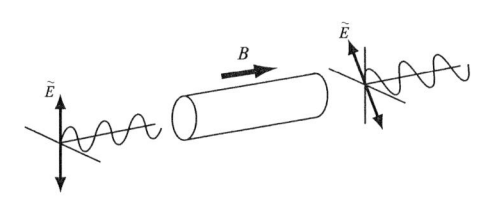

(a) 磁場による偏光面の回転

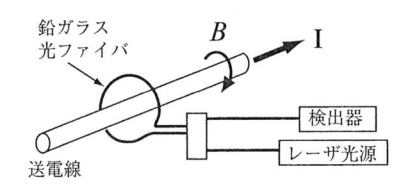

(b) ファラデー回転を利用した電流検出法

図 5.31 ファラデー回転効果と電流計測

の回転角が磁場強度と光路長に依存するため，偏光面の位相変化量を測定することでその場所での磁場強度を求めることができる．

　計測装置の概略を図 5.31(b) に示す．この図に示すように，電線を鉛ガラス光ファイバーを用いてとりまくように巻き，測定したい電流によって発生した磁場方向に沿って光を伝播させる．このとき生じた偏光面の傾きを測定するこ

とで電流値を算出して求めることができる．鉛ガラスを用いるのは曲げ応力による偏光面への影響を抑えるためである．

演 習 問 題

5.1 ヴァン・デ・グラーフ型高圧発生装置で，帯電用のベルトが行う機械的仕事が，上部金属球と接地電位間に形成されるコンデンサに蓄えられた電気エネルギーと等しくなることを示せ．

5.2 振動電圧計において，電極間隔 d のコンデンサの一部が Δd の振幅で周波数 ω で振動を行った．この時，振動部の静電容量の時間変化を $C_0 + C_1 \sin \omega t$ として，この振動電極部に流れる電流の実効値 I と，測定する高電圧 V_c との関係を求めよ．ただし $\Delta d/d \ll 1$ とする．

5.3 ポッケルス効果やファラデー回転効果など光技術を利用した測定法の利点を述べよ．

6　高電圧機器と安全対策

　この章では，高電圧機器を使用する際に用いられる絶縁機器のうち，主要な絶縁部品である，がいし，ブッシング，ケーブルについて概説し，あわせて高電圧機器を取り扱う際の安全対策に関して述べる．

6.1　が　い　し

　ケーブルなど高電圧導体を支える際には接地電位と高電圧電位とをつなぐ固体絶縁物が必要である．そのため硬質の磁器やガラス，エポキシ樹脂などで作成されたがいし（碍子：insulator）とよばれる機器が使用される．

　がいしにはその形状や用途から懸垂がいし，ラインポストがいしなど多数の種類があり，高電圧になってくるとこれらを複数個組み合わせたものが用いられる．

a.　ピンがいし

　図 6.1 に示すのはピンがいしとよばれるもので，金属上のピンの上に波形となった磁器でできた絶縁物を介して高圧電線を支える構造である．送配電の初期から使用されてきたが，大型化しても耐圧特性はそれほどよくならないため現在ではラインポストがいしなどに置き換わってきている．

b.　懸垂がいし

　図 6.2 に示すような小型のがいしを多数個連結してつり下げて（がいし連）使用するものを懸垂がいしとよぶ．フラッシオーバ電圧は連結する個数に応じて上昇するため高電圧時にはピンがいしに比べ性能がよい．また同じ形のものを大量に製作し，電圧値に応じて連結する個数を決めればよいため自由度も大

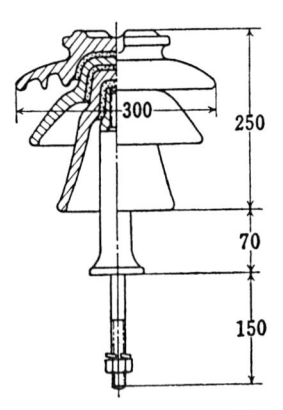

図 6.1 ピンがいしの例[14]

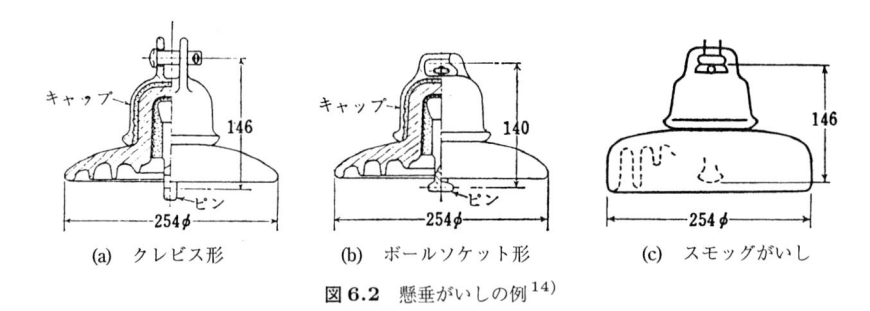

(a) クレビス形 (b) ボールソケット形 (c) スモッグがいし

図 6.2 懸垂がいしの例[14]

きく経済的である．図 6.2(a)(b) のクレビス型とボールソケット型の違いは連結する金具の形が異なる点である．絶縁部分は硬質の磁器を用いることが多いが外国製ではプラスチックやガラス製のものもある．このようながいしの波状の部分は下を向いているが，これは汚損による絶縁劣化を防ぐためである．特に海岸近くで使用する場合には飛散した塩分の付着によるフラッシオーバ電圧の低下を防ぐためこのひだを深くしたものが使用されている（スモッグがいし）．

また，図 6.3 に示すように，連結した懸垂がいしの両端部には金属の突起物を取り付けていることが多い．これはアークホーン (arcing horn) とよばれるもので，もし雷撃などが発生し，両端子間にアーキングが起こってしまっても，この電極間で火花が発生し，がいし表面にアークが這わないようにする働きが

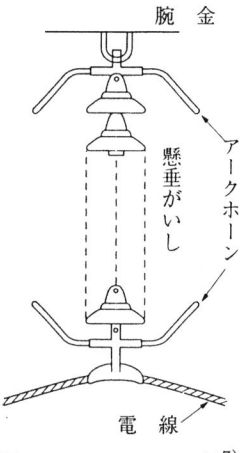

図 **6.3** アークホーンの例[7)]

ある.もし,がいしでアーキングが発生し破損したり連結がはずれてしまうと送電線の落下につながるため,このようなアークホーンを取り付けるなどの対策が必要である.

c. 長幹がいしとラインポストがいし

図 6.4 に示すのは長幹がいしとラインポストがいしとよばれる長軸のがいしである.周囲環境の悪い場所ではがいし表面に塩分や泥など伝導性のよいものが付着してしまうことがある.雨によってこれを除去する能力を雨洗特性とよぶが,これを高くするためには雨に濡れる距離を長くし直径を細くするとよい.長幹がいしやラインポストがいしはこの特性にすぐれており,特に塩害が多い場所に使用することが多い.このがいしを使用する際にもアークホーンを取り付けるなどアーキング対策は必要である.ラインポストがいしは自立型のがいしとしてピンがいしに代わって使用されてきている.

6.2 ブッシング

変圧器やコンデンサなど金属導体で囲まれた機器の中の高電圧部から電気を取り出す際に,高電圧電位の導体部を内部から引き出す必要がある.これを行

図 6.4 (a) 長幹がいしの寸法　(b) 2個直列一連懸垂の例　(c) ラインポストがいし

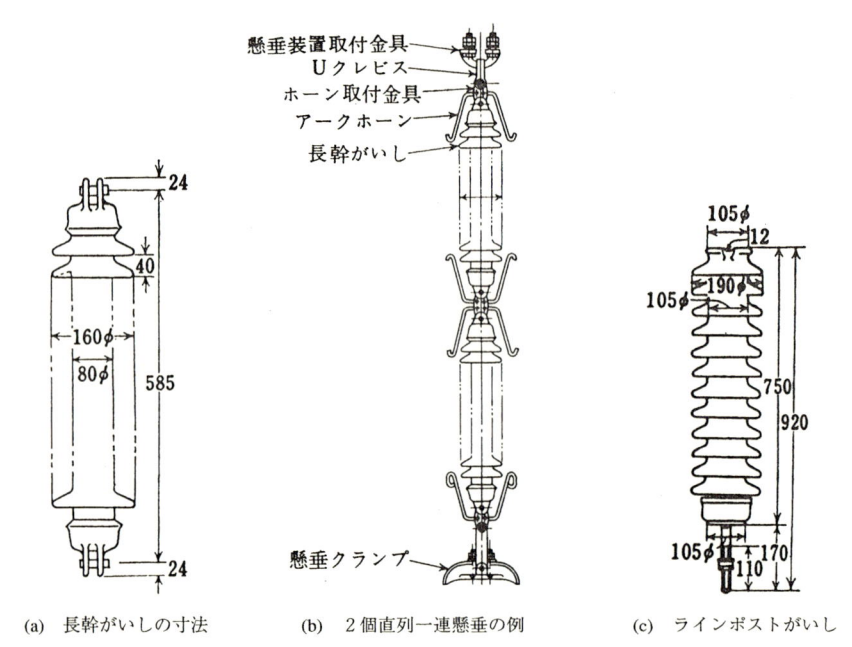

図 6.4　長幹がいしとラインポストがいしの例[14]

う機器をブッシング (bushing) という．高電圧ケーブルの端子部や変圧器との接続部なども同じ形状のものが使用されている．

ブッシングは絶縁を担う硬質の磁器や樹脂でできた，がい管部と内部絶縁部，それと内部導体で構成される．内部絶縁方式の違いによって油入ブッシングとコンデンサブッシングに大別される．

a. 油入ブッシング

油入ブッシングの構造を図 6.5 に示す．内部には絶縁油が封入されており内部導体と外部との絶縁をとっている．また，不純物による橋絡現象を防ぐためのセパレータが取り付けられている．ブッシング上部には窒素を封入して温度変化による油の体積変化を吸収できる構造となっている．また油の量のモニタも取り付けられている．ブッシングでは外部のがい管部のフラッシオーバ電圧を内部絶縁耐圧より低くして，内部での絶縁破壊を起こさないような設計を行っ

ている.

b. コンデンサブッシング

コンデンサブッシングは絶縁紙と金属箔を交互に巻き付けて,多数の同心円筒状コンデンサ構造にしたもので,外部導体と内部導体との絶縁をこのコンデンサ構造で行っているものである (図 6.6). 使用する材質によって油浸紙型とレジン紙型とがある. 油入ブッシングに比べて細くすることができる. コンデンサブッシングは内部での電位分布が均一になるよう配慮されているため,絶縁特性もよく 100 kV 以上の超高圧電圧用としてよく用いられる. 屋外で使用する際には,このまわりにがい管をかぶせて使用する. 変圧器内部などで使用される場合にはまわりを樹脂などで固めたものが使用される.

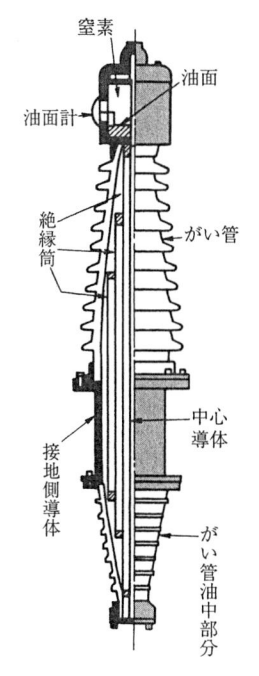

図 6.5 油入ブッシングの例[1]) 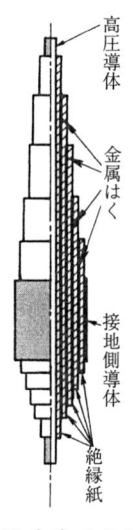   図 6.6 コンデンサブッシングブッシングの例

c. 汚損対策

このように送電設備にとってがいしやブッシングの表面が塩分などで汚損し，フラッシオーバ電圧が低下してしまうことは事故につながるため十分な対策を施す必要がある．もちろんすべての設備を屋内に設置できれば対策も容易であるが，設備費もかかるため，実際の対策として以下のような方法が行われている．

1) 絶縁の増強

懸垂がいしの個数をふやしたり，長幹がいしの長さを伸ばすなど絶縁耐力をふやし，汚損時でも十分高いフラッシオーバ電圧を確保する．

2) 洗浄

特に海岸近傍に設置された屋外設備では塩害による絶縁の悪化が著しいため，定期的に水の噴射によって表面洗浄を行う．人手によらず自動化が進められている．

3) 表面塗布

絶縁物である磁器の表面にシリコーングリスを塗布することによって表面の表面張力を小さくし，水の塗れ性をよくして雨洗特性をよくする．この塗布によって表面抵抗の劣化を防ぐことができるが，定期的な塗り替えが必要である．

6.3 ケーブル

a. CVケーブル

送電に使用される電力ケーブルは絶縁油やガス封入型などさまざまな種類のものがあるが，現在の送電線では絶縁層としてポリエチレンを使用したCVケーブルが広く用いられている．保守が容易で可とう性もあり，軽量，誘電体損失が少ないことなど多くの利点がある．図6.7にその構造を示すが，プラスチック内部にボイドがあるとそこからトリーイングが発生するなど耐圧劣化につながるため製造過程では内部道体表面と外部導体表面部にカーボン粉末を混入した半導体層を設けている．

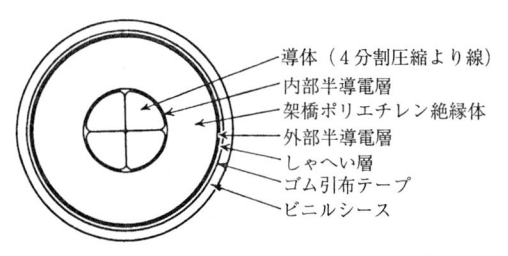

図 6.7 ケーブルの例（CV ケーブル）[14]

ラベル:
- 導体（4分割圧縮より線）
- 内部半導電層
- 架橋ポリエチレン絶縁体
- 外部半導電層
- しゃへい層
- ゴム引布テープ
- ビニルシース

6.4 安 全 対 策

　高電圧機器に限らず，実験や実務で電気を取り扱う際には，感電や静電気による帯電対策などにきちんと留意して行う必要がある．もちろん安全対策は電気関係だけでなく火災，薬品，ガス，放射線など多方面にわたった対策を施すとともに，万一の事故発生時の対応方法など事前に検討をしておくことが必要である．以下では特に電気関係の安全対策について述べる．

　人体に及ぼす電気の影響を表 6.1 に示す．いわゆる感電の程度は電源の種類，通電経路，電流の大きさと通電時間によって大きく左右される．人体の抵抗値は 300 Ω 程度であるが，電圧が低い際には表皮での抵抗が大きいため 100 V 程度のときには約 5 kΩ 程度ある．しかし，たとえ 100 V の家庭用交流電圧でも皮膚が湿っていたりすると，抵抗値は 1 kΩ 程度以下まで下がり，数十 mA の電流が体内に流れてしまう．すると筋肉がけいれんし自力では離脱が困難な状況になる．

　電流値 [mA] と通電時間 [s] の積が，ある一定値（約 30 mA·s）を超えると心臓機能が停止し死亡に至る．また重大な感電事故や雷の直撃時など大電流が流れた際には電流経路となった部分にやけどなど大きな損傷を起こし，壊死する場合がある．

　感電事故など高電圧機器に誤って触れてしまった場合，その電圧値によって状況が異なってくる．商用の 100 V や実験機器に使用される 200 V までの電圧であればしびれは腕の部分で収まるためすぐに離脱することも可能であるが，

表6.1 電気が及ぼす人体への影響

電流が及ぼす人体への影響		電圧が及ぼす人体への影響	
電流値 (mA)	症　状	電圧値 (V)	症　状
1	ピリッと感じる（最小感知電流）	10	水中では危険
5	痛みを感じる	20	濡れた手で触れると危険
10	耐え難い苦痛を感じる	30	乾いた手で触れると危険
20	筋肉がけいれんしたり，麻痺のため離脱できない	50	生命に危険のない限界
		100〜	危険度が急速に増大
50	呼吸困難，死亡する確率大	200〜	生命に危険
100	心臓停止，呼吸停止（致命的電流）	300〜	電圧部に引きつけられる
		10 kV 以上	はねとばされ，運良く助かる場合もある

＊東北大学大学院工学研究科・工学部「安全マニュアル（平成18年版）」より一部修正して作成

　それ以上の電圧になってくると，全身のしびれにいたり自力では離脱できない．数 kV 程度の電圧に触れた場合は特に危険で，手の筋肉が硬直し逆に高圧部を握ったまま離れなくなってしまう．一方，数十 kV 以上の高電圧部に近づくと逆にはね飛ばされ，電極部に直接接触することはまれである．ただしこの場合も，このような高圧部は高所にあるためそのまま地上へ転落事故を起こし，重大な事故に至ることが多い．

　高電圧機器を取り扱う場合の注意事項は以下のとおりである．

- 大気中の絶縁距離は 30 kV/cm であるが，安全上より離れた距離を確保する．たとえば 2.5 kV では 30 cm, 50 kV では最低でも 1 m 以上の安全距離が必要である．
- 高電圧機器を取り扱う際には必ず 2 人以上で行い，1 人は監視をする．
- 高電圧部を露出したままにしない．接地電位の金属製のカバーでおおうか，危険区域を指定し，柵を設けて入退室時の管理を行う．この際，高圧危険の表示を行うとともに警告灯などで高圧が発生していることを周知させる．
- 高電圧機器に近づく際には必ずアース棒などで高圧部に残留電荷が残っていないかを確認する．特に，電源を落としてもコンデンサには電荷が残っていることが多いため注意が必要である．

　そのほかにも配線方法，絶縁方法，接地方法などに留意し，表示の徹底や危険ランプの採用など高電圧機器の取扱いには細心の配慮が必要である．

また，高電圧機器の取扱時以外でも静電気による帯電に関する配慮を怠ってはならない．帯電現象が原因となって微小放電が発生し，これが半導体素子や精密機器の損傷，可燃性物質の着火や爆発を引き起こしたりする．あるいは電磁ノイズによって大型機器を動かしていた制御用のコンピュータが誤動作を起こし，重大事故に巻き込まれることも起こっている．

　帯電防止のためには導電性衣服や靴の着用，過度の空調による乾燥を避けるなど作業者の心がけが必要である．

演 習 問 題

6.1　一般に，がいしやブッシングの表面には波形の構造が採用されている．このような形状にしている利点を述べよ．

6.2　コンデンサブッシングでは内部に金属の誘電体と金属箔を交互に巻き付けて電位分布を均一にして耐電圧を高めている．どのような構造になっているか考察せよ．

7 高電圧・放電応用

　高電圧機器は電力送発電分野だけでなく，さまざまな分野に応用されている．電力送発電以外での応用分野としては，荷電ビーム応用，静電気応用，放電・プラズマ応用などがあげられる．特に，放電・プラズマ現象を利用した非常に多くの応用技術がある．それ以外にも，多方面の産業応用にとって高電圧技術は不可欠な基盤技術として使用されている．本章ではその一例を紹介する．

7.1　荷電ビーム応用

　高電圧機器がよく利用されるのはイオンや電子ビームを用いた荷電ビーム応用分野である．電子ビームを利用したものとして，発振管，画像用電子管，X線管，電子顕微鏡，電子ビーム照射などがある．いっぽうでイオン注入，イオンスパッタ，ビーム加工など，高電圧電源を用いて加速されたイオンビームが利用されている．MeV から GeV レベルに至る高エネルギービーム加速技術は素粒子研究など物理研究のために技術開発が進められてきたが，最近では SOR や自由電子レーザなど新しい光源や高エネルギービームを利用した核変換技術を利用した放射能除去，また医療用加速器として幅広い応用が進められている．

a.　大電力電磁波発振管

　高電圧を使って電子を加速し，運動エネルギーを電磁波に変換することでさまざまな波長の電磁波を発生させることができる．20世紀の初頭，フレミングの法則で有名なフレミング (J. A. Fleming) は，エジソンが発明した電球中のフィラメントの近くに金属電極を封入し，フィラメントを電池の陽極に，電極を電池の陰極につないでみると，そのままでは電流が流れないのにフィラメントを熱すると電流が流れだすことを確かめた．ところが電池の極性を変える

といくらフィラメントを熱しても電流が流れないことも発見した．これが二極管の発明であり現在のダイオードの役割を果たすものであった．その後，フォレスト (L. de Forest) は，二極管にグリッド構造を追加して，その電極の電位を変えることにより陰極電流を制御することができることを示し三極管を発明した．これは現在のトランジスタの役割を果たすもので，電流増幅，電圧増幅，さらには発振動作を行うことで数十MHzまでの電磁波の発生を行うことができるようになった．彼はその後，無線通信，ラジオ放送などへの商業応用を積極的に行い，1916年には初の商業ラジオ放送を実現し，「ラジオの父」とよばれている．

電子の挙動を利用した電磁波源への応用は，1920年代のハル (A. W. Hull) によるマグネトロンの発案と，岡部金治郎による陽極分割型マグネトロンの発明によって飛躍的に進展した．1930年代にはクライストロン (図7.1) も発明され，電子の速度変調作用による電磁波放射が実用化され，十数GHzまでの電磁波源が実用化された．その後，進行波管，後進波管など，加速された電子の運動エネルギーから電磁波へ変換する手法が次々と発案され，高周波数の電磁波を発生させる装置開発が数多く進められてきた．

このような発振管では，電子と電磁波との相互作用を起こすために，電子の進行速度と電磁波の伝搬速度を等しくする必要がある．このため，遅波回路と

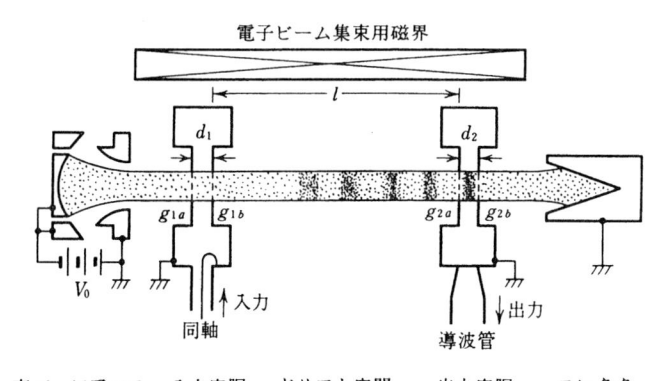

図7.1 クライストロンの原理[9]

よばれる構造物が電子管内部に設置されている．しかし，この大きさが発振する電磁波の波長程度であるため，周波数が数十GHz以上になって波長が1cm以下になると大電力の発振管を製作することは実際上困難になってきた．

1960年のレーザの発明に遅れること数年で，新しい原理による発振管ジャイロトロンが登場した．それまでの方式は電子の進行方向のエネルギー授受によって電磁波を発振していたが，ジャイロトロン（図7.2）では遅波回路のような構造物を必要とせず，垂直方向エネルギーを空洞共振器内の電磁波に与えることで数十〜数百GHzの周波数の電磁波を発振させることに成功した．現在では1MWを越える出力や1THzまでの発振周波数を実現することに成功している．

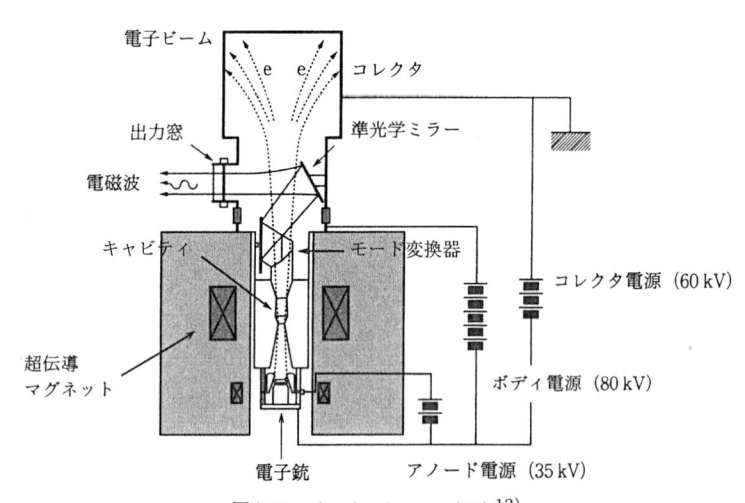

図 7.2　ジャイロトロンの概略[12]

コラム●岡部博士とマグネトロン

1927年のある日，東北大学の学生の実験演習を担当していた岡部金治郎博士のもとに，1人の学生が奇妙な実験データをもってきた．その学生が行っていたのは，磁電管（マグネトロン）とよばれる真空管の一種を用いた実験で，本来ならばゼロになるはずの電流が途中でまた増えるようなふるまいを見せていた．最初は学生のミスだと思った岡部博士だが，みずから測定を行い異常があるのを確認し，八木・宇田アン

テナの発明で有名な八木秀次博士との議論の過程で，非常に短い波長の電波が発生しているのではないかと推測した．実際に測定してみると，たしかに磁電管から波長が短く強力な電波が発生しており，これが分割陽極マグネトロンを発明するきっかけになった．当時，世界では多くの研究者が，波長が短く強力な電波の発生にしのぎをけずっていたが，岡部博士はこの発見で一躍そのトップに躍り出ることになった．

現在，一般家庭で調理用電化製品として用いられている電子レンジは，食品に電波を当てて加熱するため，強力な電波源としてマグネトロンが内蔵されている．したがって，家庭の台所の電子レンジの中には必ず岡部博士の発明したマグネトロンが入っている．

b. 画像用電子管

最近では液晶やプラズマテレビなど薄型テレビにおきかわりつつあるが，家庭用テレビやパソコンなどのモニタ，オシロスコープなどはこれまで CRT (cathode ray tube, 陰極線管) とよばれるものが主流であった．この装置では蛍光塗料を塗布したガラス面に電子ビームを照射することによって画像を表示するもので，発明者の名前を取ってブラウン管ともよばれている．図 7.3 にその構造の概略を示すが，小型の電子銃を用いて電子ビームを加速したあと，映像信号に同期して画面上に照射するために偏向コイルや偏向板が設置されている．

オシロスコープなど測定用 CRT では動作周波数を高くするため静電偏向が，テレビやモニタなどの CRT では大型化のために偏向角を大きくする必要があり，電磁偏向が用いられる．原理上薄型化が難しくまた大型化にも限界があったため，現在では次々に液晶やプラズマを用いた薄型テレビにおきかわっている．

c. X 線 管

X 線 (X-ray) は波長が 10^{-10} m 程度の電磁波のことで，レントゲンが 19 世紀末に発見した．このためレントゲン線とよぶこともあり病院での検査などで使用されている．短波長の電磁波をガンマ線 (γ-ray) とよぶこともあるが，X 線とガンマ線との区別は波長ではなく発生機構による．軌道電子の遷移を起源とするものを X 線，原子核内のエネルギー準位の遷移を起源とするものをガンマ線とよぶ．

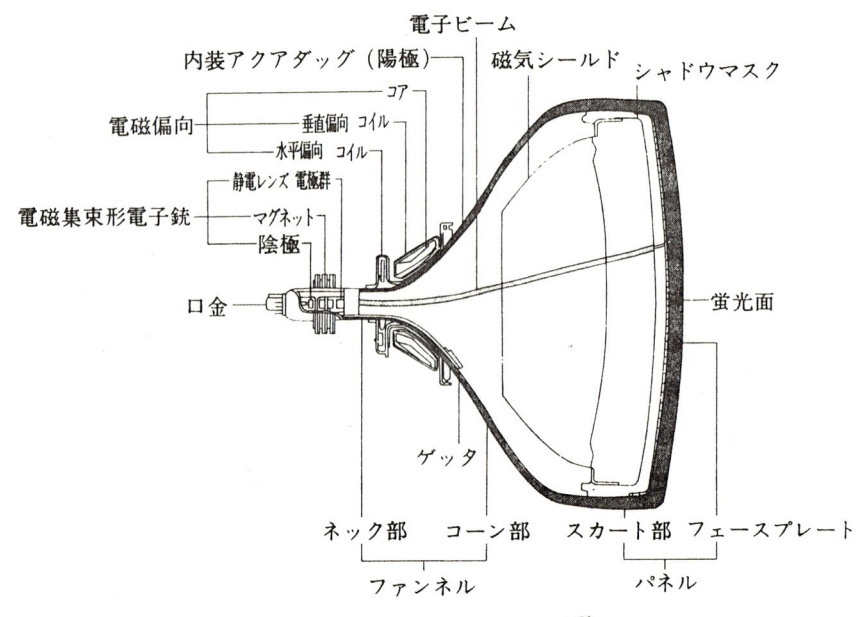

図 7.3 CRT ディスプレイの概略[9]

真空に封じたガラス容器の内部に，銅，モリブデン，タングステンなどの金属標的を置き，加速した電子ビーム (30 keV 程度) を当てると原子の基準電位にあった電子をはねとばし，そこに他の軌道にいた電子が落ちこむ際に放出される電磁波が X 線 (特性 X 線) である．このような X 線管は医療用，歯科用の治療や検査，またさまざまな物質の分析用，非破壊検査用など多くの分野にわたって利用されている．

d. 電子顕微鏡

電子顕微鏡 (electron microscope) とは，通常の光学顕微鏡では観察したい対象に光を当てレンズを用いて光学的に拡大するのに対し，光の代わりに電子 (電子線) を当てて拡大する顕微鏡のことで，方式によって透過型電子顕微鏡 (TEM : transmission electron microscope) と，走査型電子顕微鏡 (SEM : scanning electron microscope) とがある．

透過型電子顕微鏡は，高電圧で加速された電子ビームを試料に照射し，透過

した電子ビームを電子レンズにより1万倍以上拡大し，蛍光板上に結像させ観察する．観察対象の構造の違いにより，どのぐらい電子線を透過できるかが異なるので，場所により透過してきた電子の密度が変わり，これが顕微鏡像となる．分解能は光学顕微鏡では可視光の波長（400～760 nm）程度で制限されるが，高電圧によって加速された電子ビームを用いれば電子の物質波の波長程度（100 kV で約 0.004 nm）まで分解能が向上する．したがってナノサイズの構造観測にとって十分な分解能が得られる．またビーム焦点を変えることで顕微鏡像だけでなく電子ビーム回折像も観測可能であるなど複合的観測装置として利用されている．

一方，走査型電子顕微鏡（図 7.4）は，電子ビームを資料表面に当てながら2次元的に走査し，資料から出てきた2次電子および反射した電子を測定する．2次電子は突出した部分からのほうがよく出るため観測対象物表面の凹凸に応じて明暗が生じ，資料表面の様子が立体像として観測される．透過型電子顕微鏡に比べ倍率は低いが，資料をうすくしたり，切断したりする必要もなく，対象の表面の形状や凹凸の様子，比較的表面に近い部分の内部構造を観察するのに優れている．しかし，観察対象が絶縁体の場合には帯電現象によって画像が乱

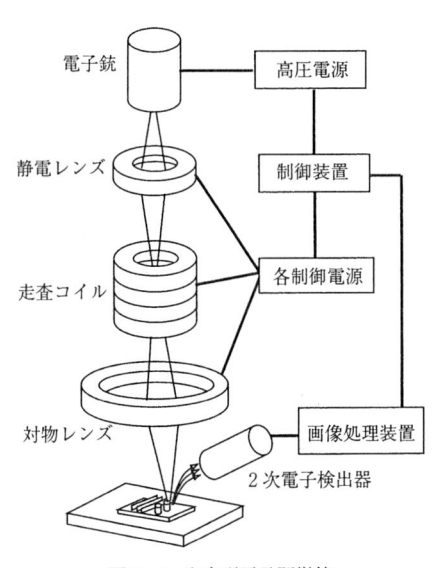

図 7.4 走査型電子顕微鏡

れることがあり，これを防ぐため，あらかじめ金など導電性をもつ物質をうすく蒸着させる必要がある．

e. 電子ビーム照射

高速の電子ビームを直接資料に照射することでさまざまな効果が期待でき，多様な研究に使用されている．おもな例として以下のものがあげられるが，それ以外でもさまざまな表面分析の計測用ビームとしてまた樹脂加工など微細形状加工技術への応用なども進められている．

1) リソグラフィ (露光) と超微細加工

IC や LSI などの集積回路の製作にはレジストなどの行程を行うために電極幅 (ライン幅) が $0.1\,\mu m$ 以下の微細な回路パターンを転写する必要がある．光を用いたフォトリソグラフィ (photo-lithography) を行うため，このパターン転写を行うための写真乾板 (マスク) を実際の数倍の大きさでガラス基板上に描画する必要がある．この微細な描画を行うため電子ビームを利用し，これを基盤上に走査してパターンを描いている．さらに，数十 nm のライン幅に対しては紫外線から X 線レーザにいたる光源開発が必要であるが，電子ビームを用いた直接描画という手法もあり，今後も超微細加工技術の発展が期待されている．

2) 電子ビーム溶接，加工

加速された大電流電子ビームを収束させると非常に高エネルギー密度の熱源となる．これを金属などに照射することにより溶接，穴開け，溶断加工が可能である．特にタングステンやモリブデンなどの高融点金属や異種金属間の溶接，精密加工が出来るなどの利点がある．またビーム径を 10 nm 以下に絞ることで，きわめて微細な加工が可能となっている．

3) 滅菌処理

真空中で電子ビームを加速してうすい金属 (Ti や Al) あるいはシリコン膜でできた窓を通過させて大気中に放出させることができる．この電子線を使ってさまざまな食品や医療器具の滅菌処理が行われている．照射法による滅菌処理には紫外線や Co-60 を使ったガンマ線を使用する方法があるが，紫外線のエネルギー (数十 eV 以下) に比べ，はるかに高いエネルギーレベルでの照射が可能

であり，また出力の ON, OFF 制御や放射線遮蔽のための大型設備も必要がないなどガンマ線を使用した場合に比べても大量処理にとって多くのメリットがある．また，エチレンガスなどを用いた殺菌処理法では，数時間の処理時間と有毒なガスの除去を行うためそれよりも長いあと処理時間が必要であるが，電子線照射法では短時間での処理が可能であるなど有利な点が多い．

f. イオンビーム照射

電子ビームだけでなく，高速のイオンビームを照射する応用も数多くなされている．照射するイオンエネルギーに応じてさまざまな応用分野がある．おもな例をあげる．

1) イオン注入 (Ion Implantation)

イオン注入は材料の表面近傍に高エネルギーの他種イオンを照射し，各種機能性材料を生み出す方式で，組合せによって多様な用途に応用されている．おもにイオンエネルギーは 10 keV 以上が用いられる．ただし，コストがかかるのが難点で，半導体へ不純物を添加するイオン注入技術のほかに，高付加価値製品への利用が進められている．おもな用途を以下にあげる．

- 医療用材料： 酸化チタン (TiO_2) を利用し，紫外線照射による殺菌作用を応用する．歯科治療などの治療器具の先端に TiO_2 層を形成し，殺菌を行いながら治療したり，歯垢付着防止用として歯根にコーティングを行うことなどが行われている．
- 生体適合性バイオ材料： 人工骨，人工血管などの生体との適合性を向上させるため表面材質の改質が行われる．
- 宝石加工： 不純物を注入することでさまざまな色への着色や表面強度を上げるためのコーティングが行われている．
- 結晶欠陥導入： 活性表面，構造脆弱性，非晶質性など，イオンビーム照射により材料基板の物理的化学的特性を変化させる．

2) イオンビーム加工

高速のイオンビームを材料表面 (ターゲット) に衝突させ，そのイオンのもつ運動エネルギーを利用して除去加工や付着加工を行う方法．数十〜数百 eV では薄膜形成などが行われるが，数 keV 以上になるとイオンの衝突によって材料

の原子がはじき飛ばされ除去される（スパッタ除去）．イオンの入射方向に沿った加工が可能になるため，試料とイオンの入射角を調整することで，さまざまな3次元形状が可能である．Arなどを用いた物理的手法やOなどを用いた化学的手法などがある．

3) 各種計測用へのイオンビーム利用

イオンビームを利用したさまざまな計測手法があるが，1例として2次イオン質量分析装置（SIMS）がある．SIMS装置とは，1次イオンを試料の表面に照射し，その際に発生する2次イオンを質量分析することによって，材料中の不純物の深さ分布を測定する装置である．イオン注入や材料コーティングなどを行った際に表面近傍での組成計測用として使用される．

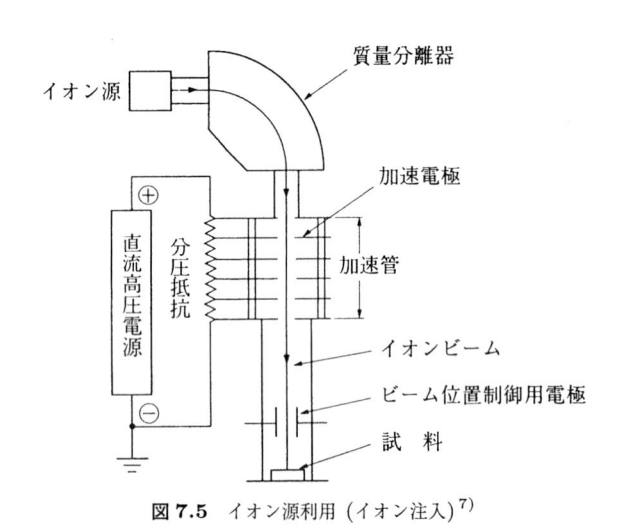

図7.5 イオン源利用（イオン注入）[7]

g. 高エネルギー加速器と放射光

電子やイオンを加速する手法は，静電的な手法以外にも高周波電場を用いた手法などがあり，素粒子など物理実験用として巨大な加速器が建設され実験に使用されている．これらの高エネルギー加速器は単なる物理実験用としてだけではなく，さまざまな特殊用途の高エネルギービーム（電子，イオン，中性子，

中間子など) の発生源として利用されている．特に加速器からの放射光はその短波長性，直進性を生かした高強度な光源として，材料科学，物質科学，分析科学，考古科学，地球科学，宇宙科学，生命科学，医学・核物理学など広範な分野において，基礎研究から応用研究さらに産業利用研究に役立っている．

荷電粒子の加速法としては，初期の頃にはコッククロフト・ウォルトン回路やヴァン・デ・グラーフ発電機を用いて静電場によるビーム加速を行っていたが，粒子エネルギーが MeV を超えるようになると高周波を用いた加速方式が採用されるようになった．以下では代表的な円環状加速方式であるサイクロトロンやシンクロトロン，直線型加速を行うリニアックの概要を紹介するとともに，得られた加速ビームから電磁波を得る SOR リングや自由電子レーザに関して説明する．

1) サイクロトロン

サイクロトロンは，一様な磁場を発生させる電磁石とその磁場の中に入れられた加速電極から構成される．この加速電極は，平らな円筒を2つに割った形をしており，2つの加速電極間には高周波電圧が加えられている (図 7.6)．粒子は磁場中をサイクロトロン運動するため運動エネルギーに応じた半径の円周上を運動するが，半周する時間は常に一定である．粒子が半周まわって，再び電極間のすき間 (ギャップ) に達したとき，高周波の位相が 180 度逆転すれば，ギャップを通過するごとに加速電圧が粒子に印加されることになり，徐々に粒子の運動エネルギーが増加する．それにともなって軌道半径が大きくなるため，加速粒子の軌道はらせん状となる．一番外側の軌道に達して，最高エネルギーになったところで，静電的に粒子を軌道からはずして，加速器から外部へと導き，実験に使用する．

2) シンクロトロン

サイクロトロンでは，加速用の高周波電場を作る周波数も磁場も一定のため，高いエネルギーを得るには，粒子の軌道半径を何倍も大きくする必要がある．そのため巨大な磁石が必要となり実際上加速できる限界がある．これを避け，円形軌道の半径を一定にするために，粒子が加速されるとともに，磁場を強くする方式が考案された．これをシンクロトロンとよぶ．

大型のシンクロトロンの構成は図 7.7 に示すように，加速粒子を円形軌道に

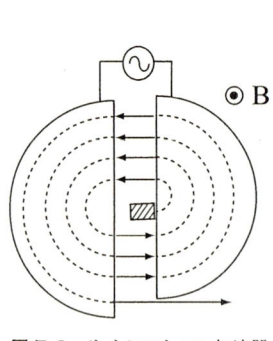

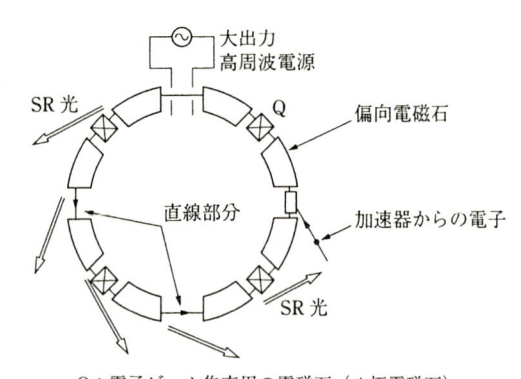

図 7.6 サイクロトロン加速器　　**図 7.7** シンクロトロン加速器と SOR 光[7]

乗せるための多数の偏向電磁石と粒子を加速するための電極に相当する高周波加速空洞から構成されている．加速粒子をイオン源からビームとして取出し，線形加速器を使って，あるエネルギーにまで加速したあと，円形軌道に打ち込む．ビーム粒子は，円形軌道を周回するたびに，加速空洞を通過し，そのたびに，加速されエネルギーが増加していく．それに合わせて，磁場も増加させ，同じ円軌道を周回するように調整する．そして，最高エネルギーに達したとき，円形軌道から離脱させ，外部へビームとして取り出す．

3) リニアック

線形加速器あるいはライナック (LINAC) ともいい，電子またはイオンを直線に走らせながら加速する．シンクロトロンのような環状にビームを走らせると，方向を変えるカーブ領域で放射光を出しエネルギーが減少してしまう．これを避けるため長い直線上で粒子加速を行う．数 km の長さになる装置もある．加速方式の特徴として，電子またはイオンの走行時間に合わせて電極を並べ，電極に供給した高周波の電場を利用して加速する．

現在，実用化されている線形加速器では 0.1〜10 GHz 程度の周波数の高周波が利用されている．円筒の加速空洞内に，円盤や小さい円筒を組み込み，この空洞の中に，大電力の高周波を導き，円筒内にできる高周波の定在波，または，進行波が作る電場を利用して加速している．小型のものが医療，滅菌などさまざまな分野に使われている．

4) シンクロトロン放射光 (SOR：synchrotron orbital radiation)

電子が加速 (減速) を受けると制動放射を行い，X 線を発生する．シンクロトロンのような円形形状の加速器では，光速に近い高エネルギーの電子または陽電子は磁場によって軌道を曲げられ，そのとき軌道の接線方向に電磁波 (光) を出す (図 7.7)．このとき放出される電磁波をシンクロトロン放射光という．放射光はマイクロ波から X 線に至る広い範囲の連続スペクトルをもっており，指向性がよく，偏光している．また輝度が桁違いに大きいため，現在では真空紫外から X 線に至る波長領域の最も優れた光源として，科学技術の広い分野で用いられる．

5) 自由電子レーザー (FEL：free electron laser)

自由電子レーザー (図 7.8) は，通常電子加速器およびアンジュレータならびに光共振器から構成される．FEL は加速器からの高エネルギー電子ビームをアンジュレータ (undulator) またはウィグラー (wiggler) とよばれる交互に向きの変わる交番磁界中に導き，発生する自発放射光を光共振器により蓄積し，繰り返し電子ビームと相互作用させることにより波長程度に電子ビームを集群させ，輝度の高い，強い誘導放射を発生させるレーザ装置である．つまり，方向のそろった放射光がたがいに干渉し，一定の波長をもった光のみ成長し，これが電子ビームのバンチング (集群) を引き起こし，誘導放射が起こる．

通常のレーザでは原子分子などの束縛された電子の状態間遷移による光放出

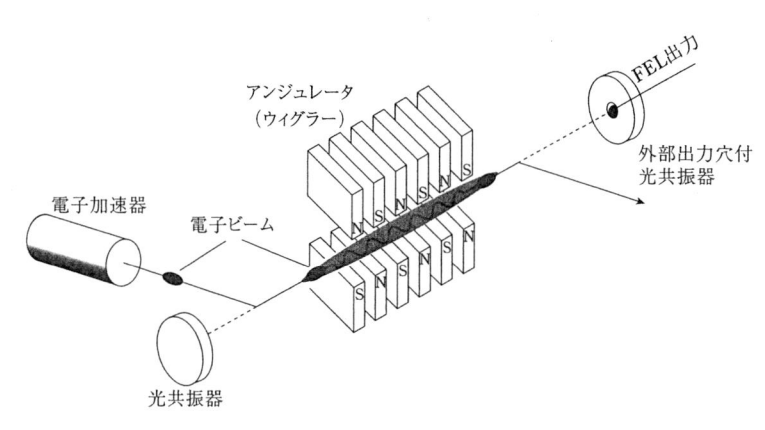

図 7.8 自由電子レーザーの概略

を利用するため,発振波長が使用する原子・分子あるいは固体の電子エネルギー準位によって決定される.それに比べ自由電子レーザは,束縛されていない自由な電子ビームを用いるため,原理的に短波長限界がなく,自由に波長を変えることができる.そのためX線領域での発振が可能とされ,1 nm以下の波長のX線FELの開発も進められている.

7.2 静電気応用

a. 静電気による吸着作用の応用

異なった材質のものが触れあった際に,電荷の交換を引き起こすことで発生する帯電現象のことを摩擦電気,あるいは単に静電気とよび,身近な電気現象としてよく観測されている.電荷を帯電することで生じる静電気力は吸着作用や反発作用を引き起こすため,これを応用した多くの機器が作られている.以下ではそれぞれの応用について概略をのべる.

1) 電気集塵

電気集塵とは,空気中の粉塵や煤煙,ほこりなどに電荷を与えて静電気力で吸着除去する方法である.集塵機内部に設けた放電線に高電圧をかけ,コロナ放電を発生させ,ここに汚染空気を通過させて空気中の粉塵および煤煙を帯電させる.集塵部では同様に集塵電極に高電圧をかけ,帯電した粉塵を集塵極板に付着させ除去を行う.図7.9にその原理図を示す.

小型のものでは家庭用空気清浄機などがあり,家庭内のほこりやチリ,ダニやにおいなどの除去に効果がある.小型の装置内部でコロナ放電を行い,ミクロのホコリ・ダニ・花粉などの汚れの粒子がプラスイオン・マイナスイオン化(帯電)し,フィルタを用いて集塵する.いろいろなタイプが市販されているが,中には酸化チタン(TiO_2)を触媒にして脱臭と滅菌を行う装置もある.

タバコのにおい除去の目的で家庭用の空気清浄機が使用されることがあるが,においのもとであるタバコ煙の微粒子をもし100％除去できたとしても,それはタバコ煙有害物質全体からいえばわずか数％が除去できたにすぎないことは注意すべきであろう.タバコ煙には一酸化炭素やニコチン,ダイオキシンなど有害物質が9割を占め,これらは空気清浄機を素通りし,まったく浄化される

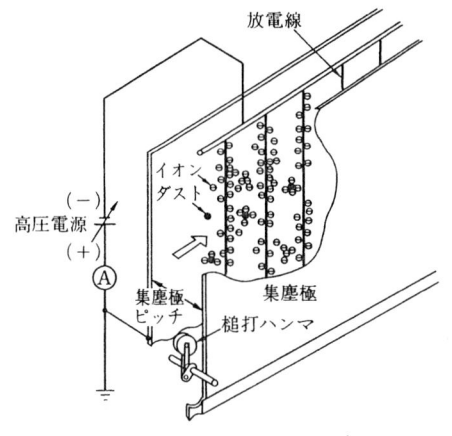

図 7.9 電気集塵機の原理[10]

ことなく排気口から周囲に撒き散らされている．このようなガスの分解除去には放電プラズマを使うなど別の手法を用いる必要がある．

大型の集塵機は，発電所や製鉄所の排気から出てくる飛灰物質の除去や，セメント工場や化学工場，あるいは焼却炉などにおける排気部での飛灰除去にも利用されている．

2) 静電塗装

静電塗装は，塗料流体を微小な霧状にし，それを帯電させ，反対の電位をもたせた塗装対象に均一に吸着させる方法である．ほかの塗装法に比べて，塗料を大幅に節減できることや高い塗着効率が可能であることなど多くの利点がある．

この静電塗装では次の2点に静電気力が応用されている．

(1) 霧化： 静電気の反発力による塗料の微粒子化 (同じものどうしの反発力)．
(2) 塗着： 静電気の吸引力による被塗物への塗着効果 (違うものどうしの引き合う力)．

具体的には，図 7.10 に示すように，接地した塗装物を陽極，塗装霧化装置を陰極とし，これに負の高電圧を与えて，両極間に静電界を作り，霧化した塗装粒子を負に帯電させて，反対極である被塗物に効率よく塗料を吸着させる．自

図 7.10 静電塗装の例[6]

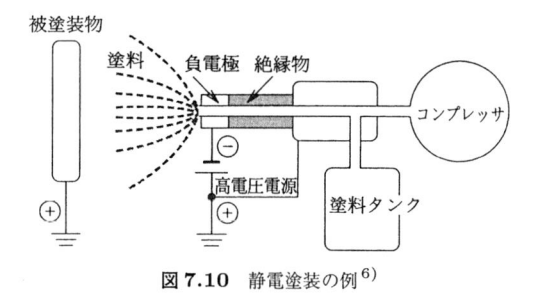

動車のボディ塗装などに応用されている．

3) 静電写真（コピー）

静電気力を利用した身近にある機器としてコピー機がある．その原理図を図7.11 に示す．非晶質セレンなど光により帯電したり導通したりする材料を利用し，転写したい画像に合わせて帯電させた板上に細かいカーボンの粉（トナー）を載せて吸着させ，熱によって固定化することで元画像と同一の画像が印刷さ

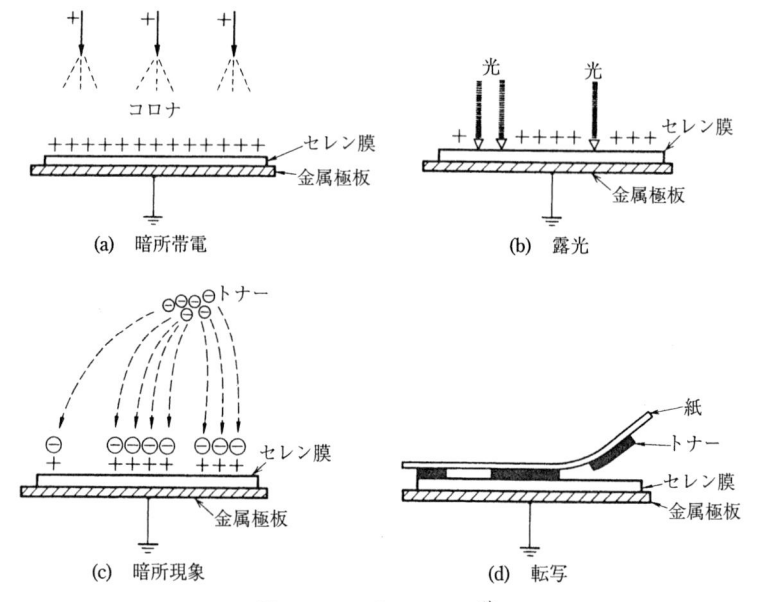

図 7.11 コピー機の原理[4]

れる.

最初のコピー機では溶かしたイオウを塗布した亜鉛板を摩擦し帯電させていた. いまでは, イオウにかわり非晶質セレンや酸化亜鉛などが感光ドラムに使われるようになり, 帯電方式も摩擦ではなく高電圧によるコロナ放電の利用が行われている.

4) 静電植毛

静電植毛はフロッキー加工ともよばれ, 基本的には静電塗装と同じ原理で, 高圧静電界中の静電吸引力を利用した植毛方法である. あらかじめ接着剤を塗布した基材に短い繊維素材 (パイル) を垂直に起立させ, その後, 接着剤層を乾燥 (キュアリング) させることにより, 起立したパイルを固定させ, 必要な強度を得る. カーペットや車のシート, 人工芝, 壁材, 衣装, 小物, サンドペーパーなどさまざまな用途に応用されている.

b. 静電気による環境改善への応用

21世紀は環境の世紀といわれるほど環境対策の必要性が重視されてきている. これからの科学技術は, 新しい機器の開発とともにそれが生み出すであろう環境への影響を考慮した対策を同時に行う必要がある.

環境問題の解決に向けては多くの努力がなされている. 電気を用いた手法の中でも高電圧はその特異性においてさまざまな応用を可能とし, 排ガスや VOC 除去, 殺菌, 室内空調, 水処理, そのほか雑草やアオコの除去など多数の応用例があり, 環境破壊物質の分解や浄化などに貢献している. このようにその応用分野は多岐にわたるが, その中でも以下の項目について概説する.

1) 排ガスや VOC 除去

排ガスや VOC (volatile organic compound) など大気汚染物質の除去には触媒を用いる方法や多様な手法があるが, 高電圧下でのコロナ放電やグロー放電を利用する方法が有用であり, さまざまな手法が研究されている. このような大気圧下で非熱平衡状態のプラズマ内には低温のガスのほかに高いエネルギー状態のイオンや励起状態の原子ラジカル (radical) 粒子が数多く存在し, これらが高い反応性を示すため有害物質の分解を行うことができる.

放電プラズマの形態としては, コロナ放電や沿面放電のほかに, 誘電体では

さんだ電極間に高周波の交流高電圧を印加することで放電を起こすバリヤ放電，小さな誘電体の球状粒子を電極間に詰め込んで高電圧を印加して起こすパックドベッド放電などがある．

2) オゾン発生

オゾン (O_3) は3個の酸素原子から構成される分子であり，容易に余分な酸素原子を放出するため，きわめて強い酸化力をもち，酸化・分解，殺菌，脱色・脱臭など数多くの用途に利用される．工業用に大量のオゾンを生成するためにオゾナイザとよばれるオゾン発生器が利用される．これは数多くのバリア放電部をもった装置で，酸素ガスをバリア空間に流し込み放電を起こさせることでオゾンの大量生産を行うことができる．

このオゾンの利用方法として最近は上水道の殺菌用としての用途に注目が集まっている．従来の塩素を用いた方法ではトリハロメタンなどの発ガン性の有害物質の混入が懸念されるが，オゾンを用いることでこの問題の解決策の1つとなっている．一般的にオゾンは水に溶けにくいため，細かな泡状にして表面積を多くして水との反応を促進させる工夫などがなされている．

コラム●静電気

身近に感じる高電圧現象として，冬場の乾燥した時期にドアノブやエレベータのボタンに触れたときにバチッと感じる放電現象がある．これは静電気により人体に数千～数万ボルトの高電圧が帯電するためである．

静電気とは，異なった材質のものをこすり合わせたときなどに発生する電荷の移動現象であるが，これらの物質どうしが接触，剥離する際にプラスとマイナスの電荷がどちらかの表面に移動するため引き起こされる．静電気によってプラスマイナスどちらの極性に帯電するかは接触する物質によって異なり，その順番も調べられている．

正電荷になりやすいものから列記すると，アスベスト，人毛・毛皮，ガラス，ウール，ナイロン，レーヨン，鉛，絹，木綿，麻，木材，人の皮膚，アセテート，アルミニウム，紙，鉄，銅，ニッケル，ゴム，ポリプロピレン，ポリエステル，アクリル，ポリウレタン，ビニールなどとなっている．

静電気によって帯電すると放電時に指先に痛みを感じたり，衣服がまとわりついたり不便なこともあるが，静電気による吸着現象を利用したコピー機や集塵機など，さまざまな用途に利用されている．

7.3 放電・プラズマ応用

　数多い高電圧応用の中でもとりわけ数多くの機器で実用に供されているのは放電・プラズマ応用分野である．

　21世紀に入り，情報通信，宇宙開発，エネルギー開発，新素材創製，環境対策などさまざまな科学技術分野でプラズマを応用した技術が主役となって重要な成果を生み出してきている．人口増大や地球温暖化問題を解決しうる核融合発電や，宇宙への夢を載せた有人惑星探査ロケットなどの大型プロジェクトばかりでなく，大画面プラズマディスプレイの実現やマイクロチップなどの超高集積半導体回路の製作，さらには地球環境に有害な物質の処理までプラズマの応用分野は拡がっている．

　エネルギー開発では海水から無尽蔵にエネルギーを取り出せる核融合開発が進められている．数億°Cを超える状態まで燃料を加熱させるため，高温状態のプラズマを制御する技術が大変重要で高電圧技術もその中の大事な基幹技術の1つである．宇宙開発分野では，化学燃料ロケットではなく，もっと高速で飛行するためにプラズマロケットの開発が進められている．今後，有人惑星探査計画が本格化していくなかでその重要性はますます大きくなってくる．新素材／環境応用では，さまざまな新機能性材料や半導体製造にプラズマが利用されている．また，地球汚染物質の分解・除去にもプラズマのもつ強力な反応性が利用されている．特に最近では医療現場にもプラズマの応用が拡がってきた．

　これらのプラズマ生成・制御技術には本書が取り扱っている電源，計測，絶縁，放電など高電圧工学の知識が必要不可欠である．以下では多様な展開を見せているプラズマ応用の例を紹介する．

a. 光源としての応用
1) 各種照明用光源

　蛍光灯やネオンランプなど毎日の生活に不可欠な光源としてプラズマを利用した発光器具が用いられている．それ以外にも，液晶ディスプレイのバックライト光源に用いられている冷陰極ランプやプロジェクタ用の高圧水銀ランプ，

また高速道路の照明などによく用いられている黄色い高圧ナトリウムランプやディスプレイ用のネオンランプなど最新の電気電子製品や社会生活を支える発光器具としてプラズマは利用されている．

2) レーザ発振

原子や分子の励起準位にある電子は準位間のエネルギー差に等しいエネルギーをもった光が照射されると低い準位に転移し，その際入射光と同じ周波数で同位相の光を放出する．この誘導放出現象を利用したものがレーザ (laser) である．レーザ動作を起こさせるためにはエネルギーの高い準位にある励起状態の原子・分子数を低い準位の数より多い反転分布を実現する必要がある．通常の熱平衡状態ではこのようなことはできないが，パルス光励起や放電を利用したポンピングを行うことで反転準位分布を実現させ，レーザ発振が引き起こされる．安価なレーザとしてよく使用されるHe-NeレーザはHeの準安定準位とNeの励起準位とがほぼ等しいことを利用し，混合ガスを放電させて多量の準安定準位のHeを形成することでNeの反転分布を実現している．最近では固体レーザの開発も数多く行われている．

3) プラズマディスプレイパネル (PDP：plasma display panel)

最近では薄型テレビが主流となってきたが，液晶とともに大型の薄型テレビの代表としてプラズマディスプレイパネルがある．これは平板上にたくさんの発光セルを並べてその中で微小な放電を起こし，赤，青，緑の蛍光体を発光させることでカラー表示を行っている．PDPには直流 (DC) 型と交流 (AC) 型がある．DC型は放電部内に電極が露出した形状となっており，直流放電によってプラズマを生成するため発光強度が大きいが，損傷も大きく寿命の問題で最近はほとんどAC型が主流となってきた．AC型では前面ガラス上に透明電極 (ITO電極) を2つ並べてその間で交流電圧を印加し放電を行う．どこのセルで放電を起こせばよいか制御するためのアドレス電極が背面部に直交する形で配置されている．この方式によれば2つの電極間隔もあらかじめ決定できるためセル間の特性の違いが生じにくくプラズマの制御性もよい．またプラズマ生成部と蛍光体が付着している背面部とが離れているため損傷も少なく，長寿命化が図られている (図7.12)．

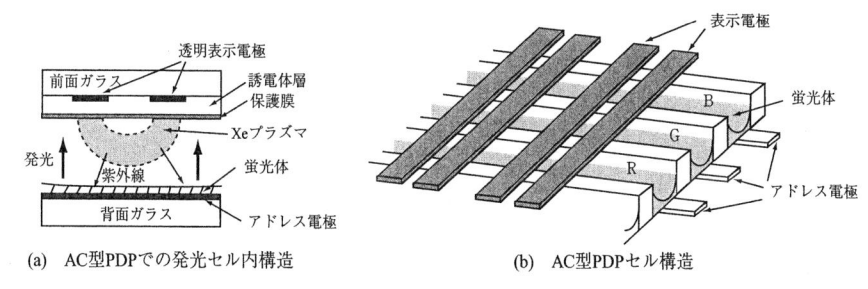

(a) AC型PDPでの発光セル内構造

(b) AC型PDPセル構造

図 7.12 交流 (AC) 放電型 PDP の原理と構造

b. プラズマプロセス

IC や LSI などの集積回路の製造には単結晶シリコンの超微細加工技術とともに，基板の洗浄，熱処理，リソグラフィー，エッチング，アッシングなど数多くの工程で材料の堆積方法や除去方法など多数の技術が必須である．これらの工程には図 7.13 に示すような装置を用いて，プラズマを利用する方法が数多く取り入れられている．

これらのプロセスに使用されるプラズマ技術の代表例としてプラズマエッチング法，プラズマ CVD 法，スパッタリング法，イオンプレーティング法などがある．以下に簡単に概説を行う．

1) プラズマエッチング (plasma etching)

プラズマエッチングとは，集積回路を作成するためにマスクに合わせてリソグラフィーで形成した微細構造に合わせて，シリコン基板上に溝や穴などのパターンを作成していく工程である．プラズマと基板間にはシースとよばれる電

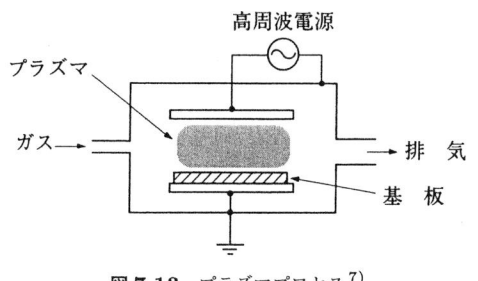

図 7.13 プラズマプロセス[7]

位差が生じており，この電位差によって加速されたイオンやプラズマ中のラジカルが基板に垂直に流れ込み，シリコンの酸化膜などを除去していく．物理的な衝撃によって除去される場合もあるが，おもにイオンや中性の活性種であるラジカルによる化学的反応が寄与するため，反応性ガスを高周波放電によってプラズマ化し用いている．マスクのパターンに従って細く深い溝を作成することが有用であり，そのために技術開発が進められている．

2) プラズマ CVD (chemical vapor deposition)

気体中あるいは基板表面での化学反応により，特定の物質を表面上に堆積させることを化学成膜あるいは化学蒸着 (CVD) とよび，LSI や液晶ディスプレイなどの薄型トランジスタ製造工程など数多くの分野で利用されている．使用する気体を 1000°C 以上に加熱して化学反応性を高める熱 CVD と気体放電を利用したプラズマ CVD がある．プラズマ CVD では，気体放電で生じた電子衝突によりイオンや特にラジカルが生成され，これによって化学反応が促進される．エッチング時に比べ気体圧力を高くし基板温度も制御することで均一な膜が成長する．最近ではダイヤモンド膜の生成などにも応用されている．

3) スパッタリング (sputtering)

プラズマからのイオンによる衝撃でターゲット材の金属原子をたたき出して，これを別の基板表面に堆積させる方法をスパッタリング法とよぶ．磁場を用いてスパッタ材表面でマグネトロン放電をさせるマグネトロンスパッタリング法がスパッタ率を上げる方法としてよく利用されている．

4) イオンプレーティング (ion plating)

真空中で蒸発した原子や化合物のガスをプラズマ化し，イオンが加速する方向に電圧をかけた基板にこれらのイオンをたたきつけることで基板表面に機能性をもった膜を生成する方法をイオンプレーティング法とよぶ．保護膜としての密着性が高いことから金型などの表面コーティングに用いられる．

CVD 法に対し，スパッタリング法やイオンプレーティング法ではプラズマ内のイオンの運動エネルギーで直接金属原子をたたき出したり，表面に埋め込む手法であり，これを物理蒸着 (PVD：physical vapor deposition) とよぶ．

最近では，新しい産業分野としてナノ・バイオ応用分野の研究が盛んに行われるようになった．マイクロマシンなどを活用する MEMS (micro electro mechanical system) 技術やナノチューブ，フラーレンなどのカーボン材料創製方法などにはこれらのプラズマプロセス技術やアーク放電，レーザ応用，電界制御技術が数多く取り入れられている．

c. 宇宙推進機への応用

1969 年の人類の月面到着を第 1 段階とすれば，1980 年代のスペースシャトルの登場によって宇宙開発は第 2 段階を迎え，この地球帰還型の再利用可能な宇宙機の登場によって地球近傍の周回衛星開発や宇宙ステーションの建設計画が著しく進展した．この宇宙開発プロジェクトにより気象，資源，通信，宇宙科学探査用など数多くの衛星打ち上げに応用され，われわれの生活の利便性を飛躍的に向上させてきた．今後さらに，宇宙開発にともない開発された数多くの特殊技術や機能性材料は広く他分野へも応用され，人類共通の資産として多くの人々に役立つ技術となっていくであろう．

今後，宇宙開発は地球周回軌道を離れ，月から火星へさらには太陽系惑星探査を目指した大型衛星開発など新たな段階を迎えている．このような開発計画では高速に移動できる宇宙推進システムが要求されるが，従来の化学燃料ロケットでは噴出する高温状態のガス排出速度が数 km/s にとどまるため，衛星の速度増分の値に制限があり高速化の実現が困難である．有人惑星探査では添乗する宇宙飛行士の安全上，総飛行時間の期間短縮が最重要項目であり，このような探査計画ではプラズマを利用した電気推進システムが必要不可欠となってきた．

これまでにも地球の重力圏を離れ，遠くの天体に向かってさまざまな探査衛星が打ち上げられてきた．また現在では，地球のまわりに 1000 機以上の周回衛星が回っている．これらの衛星には小型の推進装置が取り付けられており，地球大気との摩擦や太陽光圧などによって乱された軌道を修正したり，別の周回軌道に移動したりするために使用される．このような小型の推進装置の多くはガスジェットとよばれるものが使用され，気化したガスを噴射させることで推進力を得るが，この方式だと燃料利用の効率が低く，長期間の運用ができない．現在ではこのような小型の推進機にもプラズマを利用した電気推進機が使用されはじめている．太陽電池などを利用して得た電力を用いて燃料を電離させ加

速し噴出するため，わずかな燃料で推力を得ることができ，長期間の運用を行うことが可能になってきた．

宇宙空間での推進力を得る方法は，ロケット自身が燃料（推進剤）を搭載しており，それを放出することで得る反力を利用している．この推進性能をあらわす重要なパラメータには，推力 (thrust) と比推力 (specific impulse) がある．推力とはロケットを推す力であり，単位時間あたりの運動量の時間変化に対応する．また，比推力とはロケットの推力と推進剤の重量流量との比のことで，1 kg の推進剤で 1 kg 重 [9.8 N] の推力を何秒間出し続けられるかをあらわす量である．ロケットからの排出速度を地上における重力加速度 ($9.8\,\mathrm{m/s^2}$) で割った値に対応するので，高速で推進剤を放出する推進機は比推力が高い．この比推力が高いと，少ない燃料で推力を出し続けることができ，推進機を長時間加速し続ける時に有利である．このことは，最初に搭載する推進剤の総量を少なくすることにつながるため遠くの惑星へ短時間で到達するためには必須のエンジン性能である．

1) ロケット公式

以下にロケット公式について簡単に解説を行う．

重力のない宇宙空間では，ロケットは自身のもっている質量を後方に放出することで前方に進む速度増分を得ることができる（図7.14）．つまり，推進剤である燃料ガスを高速で排気することでその反作用によって推力を得ている．運動量保存則を式であらわせば，

$$\frac{d}{dt}(mv) = 0 \tag{7.1}$$

となるから，これを変形して，

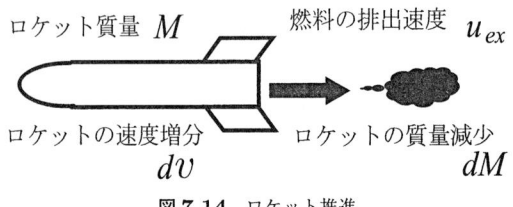

図 7.14 ロケット推進

$$M\frac{dv}{dt} = -u_{ex}\frac{dM}{dt} \tag{7.2}$$

が得られる．さらに，この式を積分することにより，推進剤を消費した際のロケットの速度増分 ΔV が求められる．

$$\Delta V = \int_i^f \frac{dv}{dt}dt = -\int_i^f \frac{u_{ex}}{M}\frac{dM}{dt}dt = u_{ex}\ln\frac{M_i}{M_f} \tag{7.3}$$

ここで，u_{ex} は推進剤燃料の噴出速度，M_i, M_f はロケットの初期質量と最終質量である．

式 (7.3) からわかるように，ロケットの速度増分 ΔV は推進剤の排出速度 u_{ex} に比例し，その比例定数はロケットの初期質量と推進剤を使い切った最終質量の比の対数であらわされる．つまり，u_{ex} と ΔV との比を大きくしようとすると，M_i と M_f との比を非常に大きくしなければならず，したがって，ロケットに搭載可能な荷物の質量（ペイロード質量）は相対的に小さくなってしまう．

よりくわしい計算によれば，単段式ロケットだと，ロケット質量に対する荷物質量の比（ペイロード比）を 1/1000 としても速度増分 ΔV は排出速度 u_{ex} の 2 倍程度にしかならない．多段式ロケットにした場合はこの比は増えるが，いずれにしても数倍程度にとどまることがわかる．宇宙飛行機を高速で飛ばすためには大きな速度増分を必要とするが，そのためには燃料の排出速度を大きくすることが非常に重要である．

地球の周囲をまわる衛星の最低速度（第 1 宇宙速度）は 7.9 km/s であり，重力圏離脱速度（第 2 宇宙速度）は 11.2 km/s である．地球の公転軌道上から太陽系を脱出するのに必要な速度は 42.1 km/s であり，惑星間探査飛行にはこのように大きな飛行速度が求められる（実際は地球の公転速度があるので約 16.7 km/s（第 3 宇宙速度）程度でよい）．一方で，化学燃料ロケットの燃料排出速度は，燃焼によるガスの熱速度を利用するために，たかだか数 km/s であり，化学燃料ロケットだけでは深宇宙探査などは実現できない．そのため，現在は宇宙飛行機の速度を増すために惑星の重力を利用したスイングバイという手法が用いられる．しかし，このような手法を用いるためには詳細な軌道解析と余分な飛行時間を要する．

プラズマ推進機は推進剤を加熱しプラズマ状態にしたあと，電場で加速したり，ノズルを使って推進エネルギーへと変換したりして高速の排出速度を得る方法である．以下で示すMPD推進機では，10～30 km/sの排出速度が可能であり，イオンエンジンは加速電圧を上げることによって数百km/sの燃料排出速度が得られる．さらに，将来的に実現されるであろう核融合ロケットでは1000 km/s以上の排出速度が期待できる．このように，電気推進技術は今後の宇宙開発では不可欠なものとなっており，今後ますます大出力化を目指した開発が進められていく必要がある．

2) ロケット性能パラメータ

ロケット性能をあらわす重要なパラメータとして，推力 (thrust)，比推力 (specific impulse)，比出力 (specific power)，推進効率 (thrust efficiency) などがある．推力 F とはロケットを前方に推し進める力のことであり，式 (7.4) の右辺であらわされる．

$$F = \dot{m} u_{ex} \tag{7.4}$$

ここで，$\dot{m}$ は推進剤の質量流量 (単位時間あたりの消費質量) をあらわしている．

比推力 I_{sp} は，推力と推進剤の重量流量との比で定義され，

$$I_{sp} = \frac{F}{\dot{m}g} = \frac{\dot{m} u_{ex}}{\dot{m}g} = \frac{u_{ex}}{g} \tag{7.5}$$

となる．この値は排出速度と地上における重力加速度の比に等しい．これは1 kgの推進剤で1 kg重 (9.8 N) の推力を何秒間出し続けられるかをあらわす指標で，推進剤を利用する際の燃費をあらわす指標となる．単位は [sec] であり，重力加速度 $g = 9.8 \text{ m/s}^2$ を掛ければ排出速度の大きさとなる．地上で物体を自由落下させた際に，排出速度に到達するまでの時間と考えてもよい．

前述したようにロケットの速度を大きくするためには I_{sp} の大きな推進機を用いる必要がある．ただし，電気推進機において比推力が増加したときには，加速に必要な電気エネルギーがその分増加するため電源質量の増大につながる．そのため式 (7.3) に示された速度増分 ΔV を得る際に，最大のペイロード比を達成するための最適な I_{sp} が存在する．

3) プラズマ推進の種類

化学燃焼によらない推進機(非化学推進機)にはエネルギー源の種類により,電気推進機,レーザー推進機,核融合推進機などに分類され,さらに,電気推進機には,イオンエンジン,ホール加速機,熱アークジェット,MPD (magneto-plasma-dynamic) 推進機などがある.図 7.15 にさまざまなロケット推進手法を,また図 7.16 におもな推進機で達成できる推力,比推力の性能を示す.

```
推進系 ─┬─ 化学推進 ──┬─ 液体燃料ロケット
        │             └─ 固体燃料ロケット
        └─ 非化学推進 ─┬─ 電気推進 ──┬─ 電熱加速
                      │              │    (DCアークジェット、レジストジェットなど)
                      │              ├─ 静電加速(イオンエンジン、FEEPなど)
                      │              ├─ 電磁加速(MPD,PPT)
                      │              └─ 複合加速(ホールスラスタ)
                      ├─ 太陽熱推進
                      ├─ レーザー推進
                      ├─ テザー推進
                      ├─ ヨット式推進(Solar Sail, Magneto-plasma Sailなど)
                      ├─ 原子力推進 ─┬─ 核分裂推進
                      │              └─ 核融合推進
                      └─ その他未来型推進(反物質推進など)
```

図 7.15 ロケット推進の分類

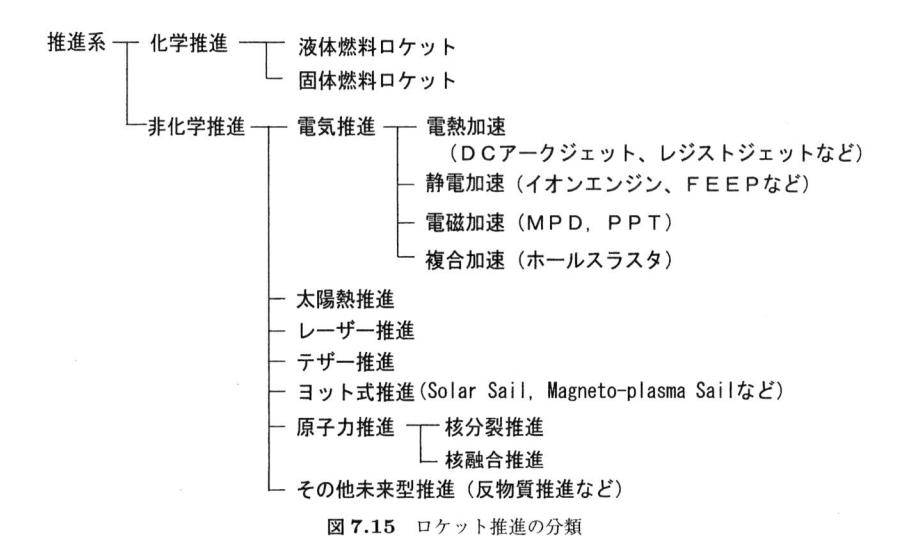

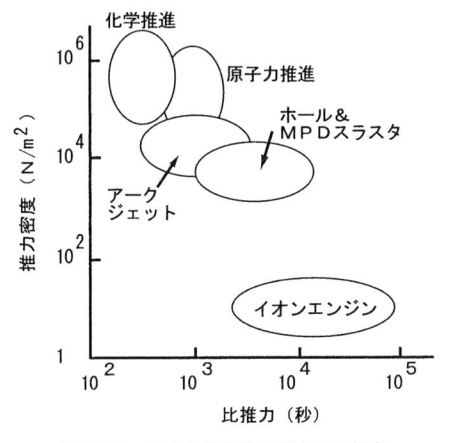

図 7.16 おもな推進機の推力と比推力

このようにプラズマ推進機にもさまざまな種類があるが，燃料の排出速度の指標である比推力が高い一方で，燃料密度が薄いために単位面積あたりに発生できる推力が低い（図 7.17, 7.18）．したがって，地上からの打ち上げに使用される化学燃料を搭載した大型のロケットエンジンのような短時間での大きな加速に使用するのは不可能だが，重力圏から離脱したあとの長時間に渡って加速するには非常に有利なため，化学燃料ロケットでは実現不可能な運行計画を実現することができる．

4) 実用化してきたプラズマ推進機

2003年の5月に打ち上げられた小惑星探査機「はやぶさ」には4機のイオンエンジンが搭載され2年がかりで小惑星"ITOKAWA"に到着した．この「は

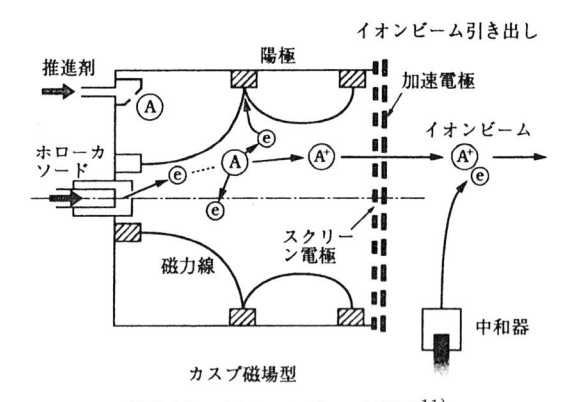

図 7.17 イオンエンジンの原理図[11]

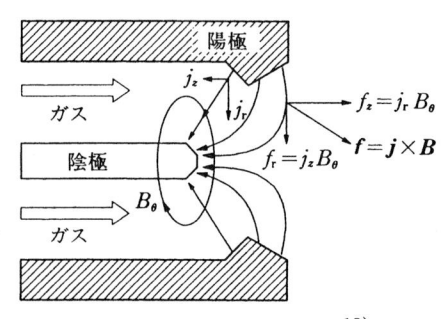

図 7.18 MPD推進機の原理[10]

やぶさ」の総重量は510 kg だが，もし化学燃料を利用した推進機を用いていたら，燃料は600 kg 以上が必要となり探査機本体の総重量を超えてしまい，打ち上げることすらできなかったであろう．たとえ打ち上げることができたとしても燃料の重量増加分だけさらに燃料が必要となり，ますます大きな探査機となりさらに燃料を積んで，といったように燃料を運ぶための燃料が必要となる．しかし，主エンジンとしてイオンエンジンを採用することで，推進剤の質量は約60 kg と一桁以上軽くなり，「はやぶさ」としてさまざまな観測機や小惑星探査機器を搭載することができた．

今後，電気推進機開発は，有人惑星探査の主力エンジンとして使用可能な推力増大を目指し，大出力の大型機開発へと進んでいく．その際，高密度プラズマ発生制御技術やプラズマ加速技術など，プラズマと高電圧の基盤技術を応用した研究が重要なものとなってきている．有人火星探査を目指した計画が米国を中心に検討されそれに必要な機器開発が進められている．比推力可変電気推進機 VASIMR (variable specific impulse magneto-plasma rocket) は NASA の宇宙飛行士であった Dr. F. R. ChangDiaz を中心としたグループによって提案され，ジョンソン宇宙センターにある実験装置を用いて開発実験が進められている．従来の電気推進機ではプラズマの生成と加速が同時に行われるため，推進機の推力および比推力は飛行中に操作することができなかった．この新しい推進機は，高周波を用いてプラズマ生成とイオン加熱を行い，その下流部に形成した発散型磁気ノズルによってその熱エネルギーを推力に変換する．この手法によれば，プラズマを生成する電力と加熱する電力を制御することで，一定の印加電力下で噴出されるプラズマ粒子の密度と流速を変化させることができる．つまり推力と比推力を自由に制御することができ，運行状況に応じたさまざまなエンジン動作が実現可能となる．このような比推力可変型の大出力推進機を用いることで，往復1年間の火星までの有人惑星探査計画を立案することが可能となってきた．

このシステムを実現するには高周波によるプラズマ流の生成と加熱，また磁気ノズルによるプラズマ流の加速と離脱に関する技術を確立することが必要である．幸い，高速で流れているプラズマ流の加熱を効果的に行う方法が見出され，実用化に向かった研究が精力的に進められている．今後，加熱されたプラ

ズマの熱エネルギーを効率よく推進エネルギーへと変換する磁気ノズル配位の最適化や，磁力線からのプラズマ流離脱現象など数多くの解決すべき課題が残されている．これらの課題を解決し大出力化に向けた実験研究を進めることで，有人惑星探査用大型プラズマ推進機が現実のものとして使用され，火星をはじめとした太陽系惑星へ人類が到達する日が来るだろう．

d. 発電への応用

地球生命体のエネルギー源である太陽は核融合反応によって50億年近く光り輝き続けている．核融合反応とは，原子核どうしが融合し，新たな原子核へ変換する反応であり，その際に，もともとの原子核の質量の和と新しく生成された原子核の質量差が，$E=mc^2$ という式に従ったエネルギーとして放出される．

この核融合反応を起こすには，原子核どうしを近づけてたがいの核力が及ぶ範囲（約 10^{-13} cm 以下）まで近づける必要がある．しかし，正電荷をもった原子核どうしはおたがいにクーロン力によって反発するため，たがいに高速で衝突させなければならない．したがって，核融合反応を持続させるには非常に高温状態の原子核の集団を形成する必要がある．たとえば，核融合反応の代表的な1つである重水素（^{2}D）と三重水素（^{3}T）が融合してヘリウム（^{4}He）と中性子（^{1}n）が生成する反応には1億度の温度が必要である．このような高温状態では燃料ガスはほとんど電離し，正電荷をもった原子核（イオン）と負電荷をもった電子とに分離したプラズマ状態となっている．したがって，核融合反応を実現するためには，この高温で高密度状態のプラズマを制御し，閉じ込める方法を開発する必要がある．

太陽のような大型の星であれば自身のもつ強い重力によって水素ガスは圧縮され，中心部で核融合反応を起こす条件が達成され，何十億年と反応が途切れることなく持続できる．しかし，地上で核融合反応を制御し発電に利用するためには，この超高温状態のプラズマを特定の空間に閉じ込めることが必要で，そのためにさまざまな研究が行われてきた．代表的な方法として「磁場閉じ込め方式」と「慣性閉じ込め方式」がある．前者の方式は磁場を用いてプラズマを閉じ込める手法で，現在国際協力が進められている核融合実験装置 ITER もこ

の手法を用いている．後者はレーザ光を集光し，極小の球状に固めた燃料 (ペレット) に照射することで圧縮 (爆縮) し，超高温・高密度の条件を達成することで核融合反応を起こす方法である．最近ではレーザ技術の進展にともなって「高速点火方式」とよばれる方法が考案され，この「慣性閉じ込め方式」での燃焼プラズマ実現に近づいてきている．

現在の核融合研究の主流である「磁場閉じ込め方式」とは，電荷をもった粒子を，磁場を使って，金属などの固体に接触させずに保持させる方法である．電荷をもった粒子が磁場中を運動する際に，その運動方向と磁場方向の両方に垂直な方向にローレンツ力とよばれる力を受ける．そのため，磁力線に沿って電子は右回りに，正イオンは左回りに巻き付く性質がある．この性質を利用して，磁力線を使った「かご」を真空容器内に用意して，閉じ込めたプラズマを核融合反応が起こる温度まで加熱する方式である．

この「磁場閉じ込め方式」による核融合研究は 1950 年代頃から米ソを中心に開始されたが，核分裂反応を用いた原子力発電とは異なり，なかなか期待する高温高密度状態のプラズマを閉じ込めることができなかった．最初は直線上に磁場コイルを配置して両端の磁場を強くし，中央部にプラズマを閉じ込める方法 (磁気ミラー方式) が試みられた．しかし，どうしても端部からの漏れが生じてしまうことから，これを解決するために電場を利用するタンデムミラー装置が筑波大学で製作され研究が続けられている．

一方，磁力線の端をなくすためにドーナツ型をした閉じ込め装置の研究が開始され，最初はステラレータとよばれたヘリカル型の装置の開発が進められた，1960 年代のおわり頃に旧ソ連の研究者がトカマクとよばれる装置を提案した．この装置は単純な構造だが，100 万度を超える温度を達成し，それから多くの国でトカマク型の核融合実験装置が製作され，ほかの方式との性能競争もあり，制御核融合実現に向けた研究が本格的に取り組まれるようになった．

これらのおもな制御核融合装置の概念を図 7.19 に示す．

現在では，これらの装置のうちトカマク型の磁場閉じ込め方式が核融合研究の主流となっている．トカマク装置では，ドーナツ型に配置したコイルで囲まれた真空容器と巨大なトランス，そしてイオンや電子を加熱する装置から構成されている．トランスによって真空容器内に電場を誘起し，ドーナツ上の磁場

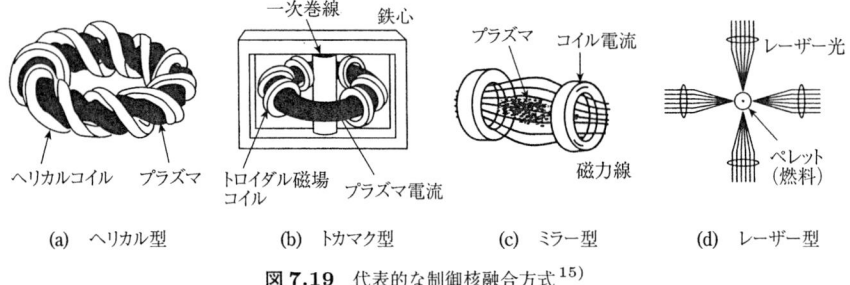

図 7.19　代表的な制御核融合方式 [15]

(a) ヘリカル型　(b) トカマク型　(c) ミラー型　(d) レーザー型

中にプラズマを発生させると同時に電流を流すことで，プラズマのジュール加熱と閉じ込めを効果的に行うことができる．さらに追加熱を行うことで核融合条件を満たす高温高密度プラズマを生成する装置である．この核融合開発においても，プラズマ生成だけでなく，電磁波を用いたイオンや電子加熱用の大出力発振管や中性粒子入射装置では 0.1~1 MV の高電圧を利用するなど多方面で高電圧技術が利用されている．

これまで日本，アメリカ，旧ソ連，ヨーロッパ連合 (EU) を中心として大型の核融合実験装置が作られ，核融合条件に近い条件の高温高密度プラズマを閉じ込めることに成功した．これらの成果をもとに，国際協力で大型の核融合装置を製作しようという国際協力プロジェクト "ITER 計画"（イーターとよぶ）が 1985 年の米ソ首脳会談（レーガン・ゴルバチョフ会談）で提唱された．その後，20 年にわたる概念設計，工学設計，機器開発を経て，2005 年の初夏，建設地がフランスのカダラッシュに決まり，建設が開始された．10 年間の建設期間を経て実験を開始し，重水素および三重水素を使った核融合燃焼プラズマの実現，長時間燃焼の実証，発電炉をめざした総合的な炉工学技術の蓄積などを行っていく（図 7.20）.

トカマク型の核融合装置は，プラズマ内部に電流を流す必要があるため，定常運転の実現にはさまざまな開発項目が残っている．核融合炉の定常運転実現を目指し，ヘリカル型とよばれる装置開発も行われている．これもやはりドーナツ形状の閉じ込め装置だが，磁場形状がヘリカル状にねじられた形をしてるのが特徴である．現在では岐阜県土岐市の核融合科学研究所で LHD とよばれる超伝導コイルを用いた大型のヘリカル装置の実験が進められている．

図 7.20 トカマク型核融合装置 (ITER) (許可を得て掲載)

今後,核融合研究は ITER 後の発電実証炉実現に向け,さまざまな課題を克服していく必要がある.中性子発生に耐える炉材開発,炉内における三重水素の回収とエネルギー回収技術,プラズマの加熱や制御技術の向上など数多くの課題を解決し,発電装置としての経済性も考慮した安全で魅力ある発電方式として核融合発電を実現していく必要がある.

わが国は核融合研究の端緒から開発研究に大きな貢献をしてきている.現在でもトカマク型をはじめとする大型の磁場閉じ込め装置や慣性核融合研究も積極的に推進しており,ITER 計画でも主導的立場でリードしている.今後も続く核融合炉実現への開発研究を国際協力のもと進めていく必要がある.前節で述べた宇宙開発とともに,長く続くプロジェクト研究開発は一世代で完結するものではない.次世代を担う若い研究者を育成し,技術の継承を図り,研究を進展することが重要である.

演習問題解答

第 1 章

1.1 $\quad n = \dfrac{6.022 \times 10^{23}}{22.413 \times 10^{3}} \times \dfrac{273}{273+20} \times \dfrac{10^{-3}}{760} = 3.29 \times 10^{19} \, [\text{m}^{-3}]$

1.2 式 (1.16) の $f(v)$ を v で微分して，$f'(v)=0$ となる v を求めると，$v = v_p = \sqrt{2kT/m}$ が求められる．また，

$$v_m = \int_0^\infty v f(v)\, dv = \dfrac{4}{\sqrt{\pi}} \left(\dfrac{m}{2kT}\right)^{\frac{3}{2}} \int_0^\infty v^3 \exp\left(-\dfrac{mv^2}{2kT}\right) dv$$

$$= \dfrac{4}{\sqrt{\pi}} \left(\dfrac{m}{2kT}\right)^{3/2} \cdot \dfrac{1}{2}\left(\dfrac{2kT}{m}\right)^2 = \sqrt{\dfrac{8}{\pi}}\sqrt{\dfrac{kT}{m}}$$

同様にして

$$v_{rms}^2 = <v^2> = \int_0^\infty v^2 f(v)\, dv = \dfrac{4}{\sqrt{\pi}} \left(\dfrac{m}{2kT}\right)^{\frac{3}{2}} \int_0^\infty v^4 \exp\left(-\dfrac{mv^2}{2kT}\right) dv$$

$$= \dfrac{4}{\sqrt{\pi}} \left(\dfrac{m}{2kT}\right)^{3/2} \cdot \dfrac{3\sqrt{\pi}}{8} \left(\dfrac{2kT}{m}\right)^{\frac{5}{2}} = \dfrac{3kT}{m}$$

このような計算は下記の式を利用すると算出しやすい．

$$\int_0^\infty e^{-\alpha x^2}\, dv = \dfrac{1}{2}\sqrt{\dfrac{\pi}{\alpha}}\ ,\quad \int_0^\infty x e^{-\alpha x^2}\, dv = \dfrac{1}{2\alpha}$$

の式より，両辺を α で微分して以下の式が求められる．

$$\int_0^\infty x^2 e^{-\alpha x^2}\, dv = \dfrac{\sqrt{\pi}}{4}\alpha^{-3/2}\ ,\quad \int_0^\infty x^3 e^{-\alpha x^2}\, dv = \dfrac{1}{2\alpha^2}$$

$$\int_0^\infty x^4 e^{-\alpha x^2}\, dv = \dfrac{3\sqrt{\pi}}{8}\alpha^{-5/2}\ ,\quad \int_0^\infty x^5 e^{-\alpha x^2}\, dv = \alpha^{-3}$$

1.3 $\quad v_t = v_{rms} = \sqrt{\dfrac{3kT}{m}}$

$$= \sqrt{\dfrac{3 \times 1.38 \times 10^{-23} \times (273+20)}{28 \times 1.67 \times 10^{-27}}} = 5.09 \times 10^2 \ [\text{m/s}]$$

また，気体密度は

$$n = 2.69 \times 10^{25} \times \dfrac{273}{293} = 2.51 \times 10^{25} \ [\text{m}^{-3}]$$

であり，衝突断面積は
$$\sigma = \pi(2r)^2 = 4.42 \times 10^{-19} \ [\mathrm{m}^2]$$
である．式 (1.24), (1.32) より $\nu_c = n\sigma v_t$ だから，
$$\nu_c = (2.51 \times 10^{25}) \times (4.42 \times 10^{-19}) \times (5.09 \times 10^2) = 5.6 \times 10^9 \ [\mathrm{s}^{-1}]$$

1.4 質量 m_1, m_2 の粒子の衝突後の速度をそれぞれ v_1', v_2' とする．
運動量保存則より
$$m_1 v_1 = m_1 v_1' + m_2 v_2'$$
また，エネルギー保存則より
$$\frac{1}{2} m_1 v_1^2 = \frac{1}{2} m_1 v_1'^2 + \frac{1}{2} m_2 v_2'^2$$
が成り立つ．この 2 式より v_1', v_2' を v_1 を用いてあらわすと，
$$v_1' = \frac{m_1 - m_2}{m_1 + m_2} v_1, \qquad v_2' = \frac{2m_1}{m_1 + m_2} v_1$$
したがって，損失係数は
$$K = 1 - \left(\frac{1}{2} m_1 v_1'^2\right) \Big/ \left(\frac{1}{2} m_1 v_1^2\right) = \frac{4 m_1 m_2}{(m_1 + m_2)^2}$$
いま，質量比を $\alpha = m_1/m_2$ とおくと，$K = 4\alpha/(1+\alpha)^2$ となる．この比は $\alpha = 1$ のとき，最大値 1 をとる．すなわち，粒子間の弾性衝突で入射粒子のエネルギー損失が一番大きいのは等質量の粒子と衝突するときである．

1.5 $\lambda \leq 1.24/3.89 = 0.319 (\mu\mathrm{m})$

第 2 章
2.1
(1) $n_1 = e^{\alpha d}$
(2) $n_k = \gamma(n_1 - 1) n_{k-1} = \ldots = (\gamma(n_1 - 1))^{k-1} n_1$
(3) $n_d = \lim_{k \to \infty} \dfrac{n_1 (1 - (\gamma(n_1 - 1)^k))}{1 - \gamma(n_1 - 1)}$

収束条件は $\gamma(n_1 - 1) < 1$, すなわち $\gamma(e^{\alpha d} - 1) < 1$.
このとき，
$$n_d = \frac{e^{\alpha d}}{1 - \gamma(e^{\alpha d} - 1)}$$
となり，タウンゼントの式と一致する．

2.2 火花電圧が最小値となる pd と V_s は，
$$pd = 2.718 \frac{\ln(1 + 1/\gamma)}{A}, \qquad V_s^{min} = 2.718 \frac{B}{A} \ln\left(1 + \frac{1}{\gamma}\right)$$

2.3 導体間に印加する電圧を V とすると，内導体表面での電界強度は

$$E(a) = \frac{V}{a\ln(b/a)}$$

内導体表面でコロナが発生すると実効的に内導体半径が増え，それにともなって導体表面での電界強度が弱くなるとき，コロナ放電が発生する．したがって，コロナ放電が起こらないためには，$dE(a)/da > 0$ が成り立てばよい．

よって，求める条件は，$b/a < e = 2.73\ldots$ となる．実際は b/a が 3 以上になるとコロナ放電が発生する．

2.4
(1) $D_{12} = \sqrt{6^2 + 2^2} = 6.33\,\text{m}$, $D_{23} = 6.19\,\text{m}$, $D_{31} = 12\,\text{m}$ より
$D = \sqrt[3]{D_{12}D_{23}D_{31}} = 7.77\,\text{m}$
(2) $\delta = 0.945$
(3) $V_c = 231 m_0 m_1$ kV, 晴天時では $V_c = 186$ kV で対地電圧はこの V_c より低くなるためコロナは発生しない．一方，雨天時では $V_c = 149$ kV となり，対地電圧はこの V_c より高くなるためコロナが発生する．
(4) コロナ損は 1 本の電線あたり 0.85 kW/km となる．合計 6 本の電線があるため，全体のコロナ損は 5.1 kW/km.

第 3 章

3.1 電極となる金属伝導体の表面を固体絶縁物でおおい，油と直接触れあわないようにする．あるいは，電極間に複数枚の絶縁板を挿入し，絶縁油を数層に分割して封入する．このような工夫を行うことで，ゴミが混入した際の橋絡現象を起こりにくくしている．

3.2 $V_s[\text{kV}] = 50\sqrt{d[\text{mm}]}$

3.3 誘電率 ϵ_1 の固体誘電体中の電界強度を E とする．その中に図 A のような (a) 球や (b) 長軸楕円円筒といった形状のボイドが存在すると，その内部での電界強度 E' は，(a) の球形状のボイドでは

$$E' = \frac{3\epsilon_1}{2\epsilon_1 + \epsilon_0}E$$

また，(b) に示すような電界と垂直方向に拡がる扁平なボイド内部では

$$E' = \frac{\epsilon_1}{\epsilon_0}E$$

とあらわされる．ここで ϵ_0 は空気の誘電率である．両者の形状とも，もともとの電界強度 E よりも高くなり，ボイド中の電界が気体の火花条件 (固体内部における火花電圧よりはるかに低い) を満たすと放電が開始される．

ボイド内の電界強度はボイドの厚み d に直接依存しないが，一般に火花開始電界強度は d が小さくなると大きくなるため小さなボイドほど放電は起こりにくい

演習問題解答

H.V.

図A

(a) 球状ボイド　(b) 扁平ボイド

固体誘電体（誘電率 ε）

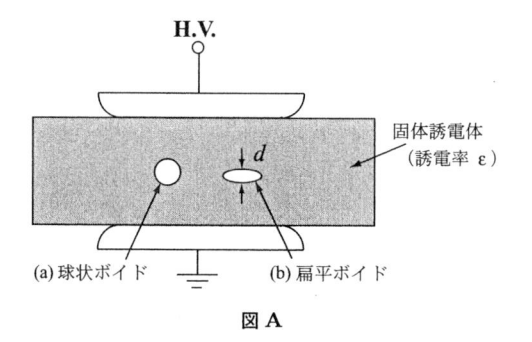

と考えられる．しかし，固体誘電体中の筋状の亀裂などといった形状は，(b) のように扁平なボイドとなり球状ボイドに比べて電界が強くなり，さらにその端部では特に電界が強められるためこの場所を起点としてボイド放電が起こり，絶縁体を損傷させることが多い．

　ボイド放電が明滅を繰り返す理由は次のように考えることができる．図B (a) に示すように，誘電体中にボイドが存在する場合，これを等価回路で示すと (b) のようになる．端子間電圧 V が徐々に高くなっていくとボイド部（コンデンサ C_v）に加わる電圧がある一定値 V_v に達した際に放電が起こり，短絡現象を起こす．このとき，C_v に蓄えられていた静電エネルギーは放電によって消費され，発光現象や周囲の加熱，変性を引き起こす．放電により電界が 0 になり放電が消えると再び外部にかかる電界によって再びボイド内に電界が発生し，その後 (c) 図に示すように放電 → 消滅現象を繰り返す．

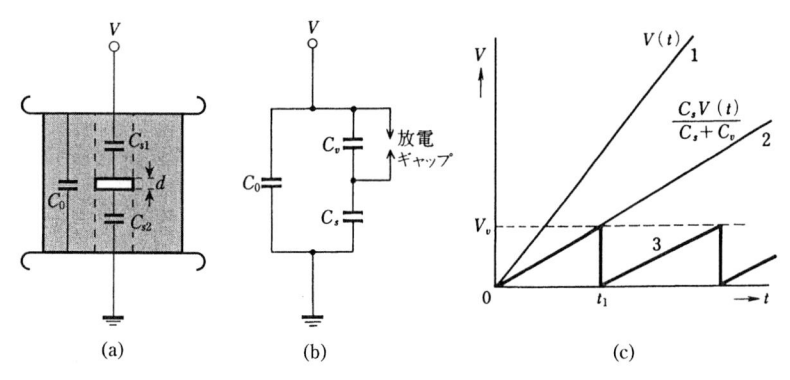

図B　ボイドをもつ固体の等価回路

第 4 章

4.1
(1) がいし A のフラッシオーバ率と同じなので 60%.
(2) $(1-0.6) \times 0.2 = 0.08$ より 8%.
(3) $(1-0.6) \times (1-0.2) = 0.32$ より 32%.
(すべての場合を合計すると 100% になる.)

4.2
(1) $V = -L(dI/dt)$ より,誘起された電圧は $(15 \times 10^{-6}) \times (90 \times 10^3)/(2 \times 10^{-6}) = 6.75 \times 10^5$ より 675 kV.
(2) $W\Delta t = RI^2 \Delta t = 10 \times (90 \times 10^3)^2 \times 50 \times 10^{-6} = 4.05 \times 10^6$ [J].
$1\,\text{kWh} = 3.6 \times 10^6$ J より,求める値は約 1.1 kWh.

4.3 回路の L, C, R の値に応じて以下のような時間変化を行う.

(a) $R > 2\sqrt{L/C}$ のとき,$V(t) = \dfrac{RV_0}{L\beta} e^{-\alpha t} \sinh \beta t$

(b) $R = 2\sqrt{L/C}$ のとき,$V(t) = \dfrac{RV_0}{L} t e^{-\alpha t}$

(c) $R < 2\sqrt{L/C}$ のとき,$V(t) = \dfrac{RV_0}{L\omega} e^{-\alpha t} \sin \omega t$

ただし,$\alpha = R/2L$,$\beta = \dfrac{1}{2L}\sqrt{R^2 - \dfrac{4L}{C}}$,$\omega = \dfrac{1}{2L}\sqrt{\dfrac{4L}{C} - R^2}$

各条件下で発生した電圧の時間変化の様子を図示すると,図 C のようになり,条件 (a), (b) では単極性のパルスが生成されるが,条件 (c) では減衰する振動性の波形が生成される.

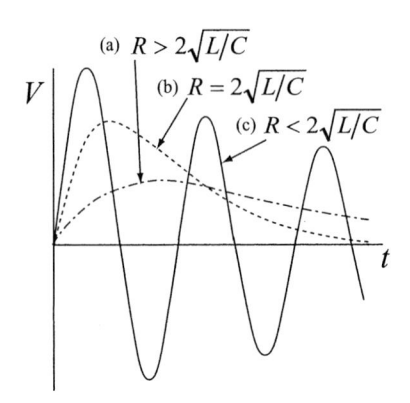

図 C LRC 回路によるパルス電圧波形

第5章

5.1 ヴァン・デ・グラーフ型電源を1つのコンデンサと考え，電極間距離を L，電極間の静電容量を C とする（図D）．帯電ベルトにより上部電極に電荷が運ばれ，徐々に電荷量が増える．その蓄えられた電荷量を $Q(t)$，電極間電圧を $V(t) = Q(t)/C$ とする．ベルト上に単位長さあたり電荷量 q を載せて一定速度 v で上方へ電荷を運んでいると考えると，電荷量 $Q(t)$ は $Q(t) = qvt$ とあらわされる．

このとき，電荷には電界 $E(t) = V(t)/L$ が働いているので，ベルトはこの電気力に抗して電荷を上部の電極に運んでいる．このときベルトに働く F は，ベルト上に電荷が均一に分布しているとして，

$$F(t) = \int_0^L qE(t)\,dx = qLE(t) = qV(t)$$

充電時間 T の間にベルトがなす機械的仕事は

$$W = \int_0^T F(t)\,dl = \int_0^T F(t)v\,dt = qv\int_0^T V(t)\,dt$$
$$= qv\int_0^T \frac{qvt}{C}\,dt = \frac{(qvT)^2}{2C} = \frac{[Q(t)]^2}{2C} \tag{8.1}$$

この値は，充電時間後に上部電極と接地電位間の静電容量 C に蓄えられた静電エネルギー $Q^2/2C$ に等しい．

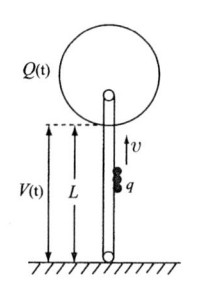

図D　ヴァン・デ・グラーフ発電機の原理

5.2 振動電極部において，静止時より電極間隔が $x = \Delta d \sin\omega t$ だけ短くなったとすると，このときの静電容量は

$$C(x) = \left(\frac{d}{d-x}\right)C_0 \simeq \left(1 + \frac{x}{d}\right)C_0 = C_0 + C_1\sin\omega t.$$

ここで $C_1 = \frac{\Delta d}{d}C_0$ とあらわされる．

したがってこの振動にともなって電荷が移動することで電流計に流れる電流は，

$$i = \frac{d}{dt}(C(x)V_c) = \frac{d}{dt}\left(1 + \frac{\Delta d}{d}\sin\omega t\right)C_0 V_c = C_0 V_c \frac{\Delta d}{d}\omega\cos\omega t$$

この実効値をとれば

$$I = \frac{1}{\sqrt{2}}\frac{\Delta d}{d}\omega C_0 V_c$$

5.3 光技術を利用することで高電圧部と測定部とを電気的に完全に絶縁することができるため高電圧部の計測が容易になること，計測装置の入力インピーダンスを非常に高くすることができ，測定対象に外乱を与えずに計測ができること，時間応答性が早いため直流から交流，インパルスの電圧・電流計測が可能であることなど数多くの利点がある．

第6章

6.1 がいし表面をつたう沿面放電の発生を考えると，3章で述べたように，電気力線と絶縁物の沿面とは平行にしたほうがよい．実際のがいしのように表面に波状のひだ構造があると，電気力線と絶縁物表面とが交わり，かえって沿面放電が発生しやすくなってしまう．

しかし，高電圧機器を屋内外で長時間使用していると，がいしやブッシングなどの表面が汚損されてくる．海岸近くでの塩分の付着や静電気によるほこりの付着と固化，あるいは雨や霧による水滴の付着が起こり，まったくひだ構造がない状態ではかえってフラッシオーバが発生しやすくなり，絶縁を保てなくなる．がいしやブッシングのひだ構造はこのような汚損によるフラッシオーバ電圧の低下を抑える働きがある．特に水分の付着に関しては少しでも乾燥している部分を確保できるような構造が有用であり，懸垂がいしに見られるような下向きのひだ構造が採用されている．

6.2 コンデンサブッシングでは円筒内に金属箔が多層に巻かれており，各金属箔間には誘電体が充填され，金属箔と誘電体とが交互に巻き付けられた構造となっている．この内部における電位構造を考えてみる (図E)．

いま，n番目と$n+1$番目の電極 (金属箔) にはさまれたn番目の誘電体層を考える．n番目の円筒電極の半径をr_n，軸方向の長さをl_n，誘電体の誘電率をϵ，その厚みをd_nとする．ただし$d_n \ll r_n$である．このn番目のコンデンサの静電容量は近似的に，

$$C_n = \frac{2\pi r_n l_n \epsilon}{d_n} = 2\pi\epsilon\frac{r_n l_n}{d_n}$$

とあらわされる．各層のコンデンサ間にたまる電荷は一定なので，各層のC_nを一定にすれば電極間にかかる電位差V_nは一定となり，したがって，各層間の電界分布$E_n = V_n/d_n$もほぼ均一となる．

したがって，製品を製作するときには，1種類の誘電体を用い ($\epsilon=$一定)，また

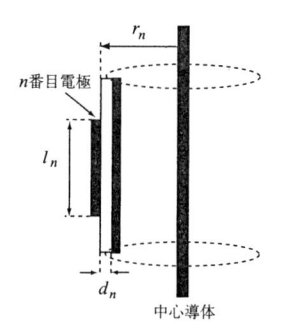

図 E　コンデンサブッシング内部の電極構造

各層間の厚み d_n を一定にし，$r_n l_n =$ 一定となるように，内側から外側になるにつれ各層に巻く金属箔の軸方向長さを徐々に短くしていく構造を採用している．

参 考 文 献

1) 河野照哉：「新版　高電圧工学」，朝倉書店，1994 年
2) 金谷光一・飯島　歩：「高電圧工学演習」，槇書店，1984 年
3) 秋山秀典 (編著)：「EE Text　高電圧パルスパワー工学」，オーム社，2003 年
4) 中野義映 (編著)：「大学課程　高電圧工学」，オーム社，1991 年
5) 武田　進：「気体放電の基礎」，東京電機大学出版局，1990 年
6) 植月唯夫・松原孝史・箕田充志：「高電圧工学」，コロナ社，2006 年
7) 林　泉：「高電圧プラズマ工学」，丸善，1996 年
8) 北川信一郎 編著：「大気電気学」，東海大学出版会，1996 年
9) 高木俊宜：「電子・イオンビーム工学」，電気学会，1995 年
10) プラズマ・核融合学会 (編)：「プラズマの生成と診断」，コロナ社，2004 年
11) 栗木恭一，荒川義博 (編)：「電気推進ロケット入門」，東京大学出版会，2003 年
12) 電気学会・マイクロ波プラズマ調査専門委員会 (編)：「マイクロ波プラズマの技術」，オーム社，2003 年
13) 鳳　誠三郎：「電離気体論」，電気学会，1969 年
14) 鶴見策郎：「高電圧工学　第 2 次改訂版」，電気学会，1981 年
15) 核融合科学研究所パンフレット，2000 年
16) 電気学会：「電気工学ハンドブック　第 6 版」，電気学会，2001 年
17) 菅井秀朗：「プラズマエレクトロニクス」，オーム社，2000 年

図版出所文献一覧

＊本書での図番号；引用元の図番号，頁，の順

1) 河野照哉：「新版　高電圧工学」，朝倉書店，1994 年
   図 2.29；図 2.26, 43p／図 2.30；図 2.27, 43p／図 3.4；図 3.8, 64p／図 3.9；図 5.4, 78p／図 4.1；図 2.16, 31p／図 4.3；図 2.17, 32p／図 6.5；図 8.5, 117p

3) 秋山秀典（編著）：「EE Text　高電圧パルスパワー工学」，オーム社，2003 年
   図 5.16；図 10.6, 96p

4) 中野義映（編著）：「大学課程　高電圧工学」，オーム社，1991 年
   図 2.8；図 1.25, 33p／図 2.15；図 2.33, 74p／図 2.20；図 1.26, 34p／図 2.23；図 2.7, 60p／図 2.25；図 2.20, 68p／図 2.34；図 2.6, 59p／図 3.15；図 3.26, 118p／図 4.4；図 2.45, 80p／図 4.5；図 2.47, 81p／図 4.6；図 2.48, 81p／図 4.7；図 2.49, 81p／図 4.8, 図 2.50, 82p／図 5.10；図 4.18, 135p／図 5.20；図 5.12, 158p／図 7.11；図 6.3, 192p

6) 植月唯夫・松原孝史・箕田充志：「高電圧工学」，コロナ社，2006 年
   図 4.13；図 13.27 と図 13.28, 158p／図 5.30；図 12.13, 139p／図 7.10；図 15.8, 175p

7) 林　泉：「高電圧プラズマ工学」，丸善，1996 年
   図 5.14；図 7.21, 130p／図 5.22；図 8.8, 143／図 6.3；図 9.2, 152p／図 7.5；図 9.10, 161p／図 7.7；図 9.13, 164p／図 7.11；図 9.24, 179p

8) 北川信一郎（編著）：「大気電気学」，東海大学出版会，1996 年
   図 4.9；図 5.1, 107p／図 4.10；図 5.14, 130p

9) 高木俊宜：「電子・イオンビーム工学」，電気学会，1995 年
図 7.1；図 5.23, 148p／図 7.3；図 7.2(b), 230p

10) プラズマ・核融合学会 (編)：「プラズマの生成と診断」，コロナ社，2004 年
図 7.9；図 6.77, 405p／図 7.18；図 6.23, 324p

11) 栗木恭一・荒川義博(編)：「電気推進ロケット入門」，東京大学出版会，2003 年
図 7.17；図 5.1, 95p

12) 電気学会・マイクロ波プラズマ調査専門委員会 (編)：「マイクロ波プラズマの技術」，オーム社，2003 年
図 7.2；図 5.111, 211p

13) 鳳　誠三郎・関口　忠・河野照哉：「電離気体論」，電気学会，1969 年
図 2.3；図 3.4, 88p／図 2.5；図 3.6, 94p／図 2.10；図 3.32, 125p／図 2.11；図 3.33, 125p／図 2.14；図 3.31, 125p／図 2.26；図 3.79, 164p／図 2.27；図 3.80, 165p／図 2.28；図 3.81, 165p／図 2.31；図 3.82, 166p／図 2.32；図 3.83, 166p／図 2.33；図 3.84, 167p／図 3.11；図 3.93 (b), 176p／図 4.2；図 3.64, 146p／図 4.11；図 3.69, 152p／表 2.1；表 3.1, 88p／表 2.2；表 3.2, 95p／表 2.4；表 4.1, 183p／表 2.5；表 4.10, 212p

14) 鶴見　策郎 [他]：「高電圧工学　第 2 次改訂版」，電気学会，1981 年
図 3.2；図 2.25, 42p／図 3.3；図 2.26, 43p／図 4.12；図 6.3, 179p／図 5.1；図 3.2, 67p／図 5.2；図 3.3, 68p／図 5.19；図 4.17, 114p／図 5.23；図 4.32, 127p／図 5.24；図 4.4 (a), 102p／図 5.25；図 4.6, 104p／図 5.26；図 4.10, 106p／図 5.27；図 4.7, 106p／図 5.28；図 4.38, 133p／図 5.29；図 4.39, 134p／図 6.1；図 5.1, 145p／図 6.2；図 5.2, 147p／図 6.4；図 5.3；図 5.4, 149p／図 6.7；図 5.14, 156p

15) 核融合科学研究所パンフレット，2000 年
図 7.19；5p

索　引

ア　行

アインシュタインの関係式　14
アーク放電　38, 50
アークホーン　122
アストン暗部　47
アボガドロ数　1
アボガドロの法則　1
安全対策　127

EHD現象　69
イオン再結合　21
イオン注入　137
イオンドラッグ力　69
イオンビーム　137
イオンプレーティング　150
移動速度　11, 70
移動度　11
陰極暗部　48
陰極グロー　47
陰極線管　133
陰極層　47
インパルス高電圧　104
インパルスコロナ　82

ヴァン・デ・グラーフ発電機　104
雨洗特性　126
宇宙推進機　151
宇宙速度　153

エアトンの式　51
X線　133
X線管　133
エネルギー準位　16

塩害対策　75
沿面放電　74

オゾン　41, 146
汚損対策　126
お迎え放電　91
折り返し型分流器　117

カ　行

がいし　121
がいし連　121
回転電圧計　114
開閉インパルス　80
界雷　88
解離性再結合　22
架空地線　91
拡散　13
拡散係数　14
核融合反応　158
荷電ビーム　130
雷　86
雷インパルス　80
換算電界　31
換算電界強度　12
感電事故　127
γ作用　32
ガンマ線　133

帰還電撃　91
気体定数　3
気体の圧力　3
気体の状態方程式　1
気体放電　37
気中絶縁　55

索　引

基底準位　16
基底状態　16
気泡破壊　66
規約原点　81
規約波頭長　81
規約波尾長　81
ギャップスイッチ　105
球ギャップ　108
共振条件　110
極低温液体　70
局部破壊　39

クライストロン　131
クラジウス-モゾッティの関係式　69
クリドノグラフ　78
クルックス暗部　48
グローコロナ　40
クローバ回路　105
クローバスイッチ　106
グロー放電　38, 46

懸垂がいし　121

高エネルギー加速器　138
高周波放電　53
後進波管　131
合成油　67
光電子　28
光電子放出　26
光電離　19
鉱油　67
交流共振　98
交流昇圧　97
コッククロフト-ウォルトン回路　103
コピー　144
コロナ安定化作用　61
コロナ開始電圧　42
コロナ雑音　39
コロナ障害　44
コロナストリーマ　82
コロナ損失　46
コロナによる安定化効果　42
コロナ放電　38

コロナリング　77
コンディショニング　56
コンデンサ型計器用変圧器　110
コンデンサ充電電流計測　110
コンデンサブッシング　125

サ　行

サイクロトロン　139
再結合　21
最終落下速度　11
最小火花電圧　34
山岳雷　88
三極管　131
三重点　74
三体再結合　22

CRT　133
磁気ミラー　159
試験用変圧器　98
仕事関数　25
自続放電　27, 33, 37
磁場閉じ込め　159
CVケーブル　126
SIMS　138
ジャイロトロン　132
シャント抵抗　116
縦続接続　98
自由電子　17
自由電子レーザー　141
準安定準位　17
準安定状態　17
シュンケル回路　102
準中和条件　15
状態方程式　2
衝突確率　9
衝突過程　17
衝突時間　9
衝突断面積　9
衝突電離　18
衝突電離係数　28
衝突励起　18
ショットキー効果　26

索引

真空化成　56
シンクロトロン　139
シンクロトロン放射光　141
進行波管　131
人工誘雷　94
振動電圧計　114

推力　152
ストリーマ　36
ストリーマコロナ　40
ストリーマ理論　36
スパッタリング　150
スモッグがいし　122

整合　113
正性コロナ　39
静電気　142
静電吸引力　115
静電植毛　145
静電電圧計　115
静電塗装　143
静電発電機　104
制動容量分圧器　112
整流回路　101
絶縁　55
絶縁ガス　23, 57, 58
絶縁距離　36
絶縁油　67
セル構造　87
先駆放電　90
全波整流回路　101
全路破壊　39

走査型電子顕微鏡　134
相対空気密度　44
速度分布関数　3

タ 行

ダイオキシン　71
体積再結合　21
タウンゼントの実験　26
タウンゼントの第1電離係数　28

タウンゼントの火花条件　33
多重雷撃　91
多段整流回路　104
竜巻　87
弾性衝突　18

長幹がいし　123
超高圧　97
超超高圧　97
直流高電圧　101, 111
直流コロナ開始電圧　61
直列共振　98
チンメルマン回路　102

抵抗分圧器　111
抵抗容量分圧器　112
テスラコイル　100
デロン・グライナッヘル回路　102
電解電子放出　26
電気集塵　142
電気推進　155
電気流体力学現象　69
天候係数　45
電子顕微鏡　134
電子再結合　21
電子親和力　23
電子なだれ　36
電子なだれ破壊機構　72
電子破壊　66
電子ビーム照射　136
電子ビーム溶接　136
電子付着　22
電離　17
電離エネルギー　17
電離確率　18
電離電圧　17, 29
電離度　20
電離比　20
電歪力　69

透過型電子顕微鏡　134
等価線間距離　45
同軸円筒型電流分流器　117

トカマク　159
特性X線　134
特別高圧　97
トーチコロナ　43
トラッキング　75
トリー　72, 73
トリーイング現象　73
トリチェリパルス　41

ナ行

二極管　131
2次電子放出　26
2次電子放出係数　32

熱運動　3
熱過程　17
熱速度　8
熱電子放出　26
熱電離　20
熱破壊機構　72
熱雷　88
熱励起　20

ノッチンガムの実験式　51

ハ行

排ガス　145
波高値　81
パッシェンの法則　34
針電極　38
パルス成形回路　108
パルス放電　80
バンチング　141
半波整流回路　101

PFN回路　108
非化学推進機　155
光過程　17
光励起　19
ピーク　44
ピークの実験式　44, 46, 109

非持続放電　33
非自続放電　27, 37
PCB　71
比推力　152
非弾性衝突　18
PDP　148
火花電圧　34, 42, 55
火花放電　39
標準大気状態　109
表面粗さ係数　45
表面再結合　21
表面塗装　126
避雷器　92
避雷針　86, 91
ビラード回路　102
ピンがいし　121

ファラデー暗部　48
ファラデー回転効果　118
VOC　145
V–t 曲線　83
フォトリソグラフィ　136
複導体方式　46
負グロー　48
負性気体　22, 58
不整現象　56
負性コロナ　41
ブッシング　123
物理蒸着　150
負特性　47
ブラシコロナ　40
プラズマエッチング　149
プラズマCVD　150
プラズマ推進機　156
フラッシオーバー　75
フラッシオーバー電圧　75, 108
フラッシオーバー率　82
フランクリン　86
フロン　59

平均二乗速度　4
平均自由行程　9
平均熱速度　7

平板電極　38
ペイロード質量　153
ペイロード比　153
ベナール対流　88
ペニング効果　19
ヘリカル　159

ボイド　72
放射再結合　21
放電開始電圧　34, 75
放電の相似則　30
放電率　82
保護角　92
ポッケルス効果　118
ほっすコロナ　40
ボルツマン定数　3

マ 行

膜状コロナ　40
マクスウェルの速度分布関数　6
マクスウェル分布　6
マグネトロン　131
マルクス回路　106

ミーク　36
水トリー　73

ヤ 行

U 特性　85
油入ブッシング　124

陽極グロー　49

陽光柱　48, 51
容量分圧器　109

ラ 行

雷雲　87
雷撃距離　92
ラインポストがいし　123
ラーマー半径　14

リソグラフィ　136
リチャードソン　26
リニアック　140
リヒテンベルク図形　78
粒子衝突　8
両極性拡散　15
両極性拡散係数　15
両極性電場　16
臨界ガス圧　60
臨界電界強度　44

累積電離　18

冷陰極ランプ　147
励起　17
励起エネルギー　17
励起準位　16
励起状態　16
レーザ　148

6フッ化イオウ　59
ロケット公式　152
ロゴスキーコイル　117

著者略歴

安藤　晃（あんどう　あきら）
1959年　愛知県に生まれる
1987年　京都大学大学院理学専攻科
　　　　博士課程修了
現　在　東北大学大学院工学研究科・
　　　　教授
　　　　理学博士

犬竹正明（いぬたけ　まさあき）
1944年　埼玉県に生まれる
1972年　東京大学大学院工学系研究科
　　　　博士課程修了
現　在　東北大学電気通信研究所
　　　　客員教授
　　　　工学博士

電気・電子工学基礎シリーズ5
高電圧工学
定価はカバーに表示

2006年12月5日　初版第1刷
2022年3月25日　　第7刷

著　者　安　藤　　　晃
　　　　犬　竹　正　明
発行者　朝　倉　誠　造
発行所　株式会社　朝倉書店
　　　　東京都新宿区新小川町6-29
　　　　郵便番号　162-8707
　　　　電　話　03(3260)0141
　　　　ＦＡＸ　03(3260)0180
　　　　https://www.asakura.co.jp

〈検印省略〉

© 2006〈無断複写・転載を禁ず〉　　　東京書籍印刷・渡辺製本

ISBN 978-4-254-22875-5　C 3354　　Printed in Japan

JCOPY　〈出版者著作権管理機構　委託出版物〉

本書の無断複写は著作権法上での例外を除き禁じられています．複写される場合は，そのつど事前に，出版者著作権管理機構（電話 03-5244-5088, FAX 03-5244-5089, e-mail: info@jcopy.or.jp）の許諾を得てください．

好評の事典・辞典・ハンドブック

物理データ事典　　　　　　　　　日本物理学会 編　B5判 600頁
現代物理学ハンドブック　　　　　鈴木増雄ほか 訳　A5判 448頁
物理学大事典　　　　　　　　　　鈴木増雄ほか 編　B5判 896頁
統計物理学ハンドブック　　　　　鈴木増雄ほか 訳　A5判 608頁
素粒子物理学ハンドブック　　　　山田作衛ほか 編　A5判 688頁
超伝導ハンドブック　　　　　　　福山秀敏ほか 編　A5判 328頁
化学測定の事典　　　　　　　　　梅澤喜夫 編　A5判 352頁
炭素の事典　　　　　　　　　　　伊与田正彦ほか 編　A5判 660頁
元素大百科事典　　　　　　　　　渡辺 正 監訳　B5判 712頁
ガラスの百科事典　　　　　　　　作花済夫ほか 編　A5判 696頁
セラミックスの事典　　　　　　　山村 博ほか 監修　A5判 496頁
高分子分析ハンドブック　　　　　高分子分析研究懇談会 編　B5判 1268頁
エネルギーの事典　　　　　　　　日本エネルギー学会 編　B5判 768頁
モータの事典　　　　　　　　　　曽根 悟ほか 編　B5判 520頁
電子物性・材料の事典　　　　　　森泉豊栄ほか 編　A5判 696頁
電子材料ハンドブック　　　　　　木村忠正ほか 編　B5判 1012頁
計算力学ハンドブック　　　　　　矢川元基ほか 編　B5判 680頁
コンクリート工学ハンドブック　　小柳 治ほか 編　B5判 1536頁
測量工学ハンドブック　　　　　　村井俊治 編　B5判 544頁
建築設備ハンドブック　　　　　　紀谷文樹ほか 編　B5判 948頁
建築大百科事典　　　　　　　　　長澤 泰ほか 編　B5判 720頁

価格・概要等は小社ホームページをご覧ください．